Vivre dans les champs électromagnétiques

FOCUS SCIENCE

Vivre dans les champs électromagnétiques

Pierre Zweiacker

Presses polytechniques et universitaires romandes

La Collection «focus science» est dirigée par Anton Vos

Morts pour la science
Pierre Zweiacker

Surprenante gravité
François Rothen

Fluide vital
Contes de l'ère électrique
Pierre Zweiacker

Et pourtant, elle tourne!
François Rothen

Le huitième jour de la création
Jacques Neirynck

300 questions à un astronome
Anton Vos

Science est conscience
Jacques Neirynck

Graphisme de couverture: NoirMat, communication visuelle, Lausanne
Mise en page: Marlyse Audergon

Les Presses polytechniques et universitaires romandes sont une fondation scientifique dont le but est principalement la diffusion des travaux de l'Ecole polytechnique fédérale de Lausanne ainsi que d'autres universités et écoles d'ingénieurs francophones. Le catalogue de leurs publications peut être obtenu par courrier aux Presses polytechniques et universitaires romandes, EPFL – Centre Midi, CH-1015 Lausanne, par E-Mail à ppur@epfl.ch, par téléphone au (0)21 693 41 40, ou par fax au (0)21 693 40 27.

www.ppur.org

ISBN 978-2-88074-811-1

CH – 1015 Lausanne
Imprimé en Italie

Sommaire

Avant-propos

Le caractère insaisissable des champs électriques et magnétiques, ainsi que l'action un peu magique qu'ils exercent à distance, les prédisposent à susciter à leur égard des sentiments partagés. Et avec l'utilisation croissante des ondes électromagnétiques dans toutes sortes d'applications techniques, ce sont même des passions contradictoires qui s'expriment. Entre ceux qui affirment que « le risque n'a pas été prouvé scientifiquement » et ceux qui soutiennent que « votre téléphone vous tue », le dialogue semble souvent impossible.

Certes la difficulté du sujet n'aide pas à en expliquer les différents aspects en des termes compréhensibles par un public non spécialisé ; et les articles de presse qui tentent d'aborder la problématique des effets des champs électromagnétiques sur la santé échappent rarement à ce travers, qui consiste à faire usage de concepts ardus, sans autres précisions, comme si tout un chacun les maîtrisait parfaitement. Quant aux débats radiodiffusés ou télévisés, lorsqu'ils tentent de respecter une certaine neutralité en invitant des partisans et des adversaires d'une ligne à haute tension ou d'une antenne de téléphonie mobile, ils tournent en général au pugilat, en des termes résolument inaptes à éclairer le public.

Faut-il avoir peur de ces champs électromagnétiques invisibles, silencieux et inodores, dont on sait néanmoins qu'ils nous environnent et nous traversent en permanence ? Faut-il avoir peur... ? En réalité, depuis que l'être humain a appris à raisonner logiquement, les réactions spontanées de peur ont perdu, pour lui, l'essentiel de l'utilité qu'elles pouvaient présenter à une époque préhistorique. La manière civilisée de réagir face à un risque ne consiste pas à en avoir peur, mais à l'analyser, à en évaluer l'ampleur, à mettre en œuvre des mesures de prévention et à envisager éventuellement des sanctions pour ceux qui ne respecteraient pas ces mesures. La peur n'a pas sa place dans cette démarche.

Or rien ne justifie que la question de l'exposition des personnes aux champs électromagnétiques soit traitée différemment. Les rayonnements induisent un risque qu'il convient de ne pas dissimuler, pas plus qu'il ne convient de l'exacerber. La prévention des dommages potentiels liés à ce risque doit passer par son analyse rationnelle.

En dehors des visées idéologiques et des intérêts commerciaux qui empoisonnent souvent la discussion de ce problème, le présent ouvrage se propose d'offrir un aperçu, accessible à tout un chacun, des méthodes que la recherche scientifique met en œuvre pour comprendre l'influence des champs électriques et magnétiques sur les organismes vivants. Il permettra aussi de réaliser qu'il ne s'agit pas d'un problème, mais d'une multitude de problèmes ; et que ceux-ci ne sauraient trouver de solution définitive à bref délai, même si tout le monde le voulait.

Avertissement

Les travaux scientifiques mentionnés dans la rubrique **Au jour le jour...** n'ont que peu à voir avec les quelques études célèbres qui défraient la chronique de temps à autre, et que partisans et adversaires des rayonnements s'empressent d'exhiber bruyamment à l'appui de leurs thèses opposées.

Les résumés proposés ici concernent des recherches généralement récentes, choisies parmi des centaines de résultats publiés mensuellement. Ils visent simplement à illustrer certains concepts généraux et à donner une image concrète de ce qui se passe *au jour le jour* dans les laboratoires occupés à traiter des effets possibles des champs électromagnétiques sur les systèmes biologiques.

Rappelons à ce sujet qu'en science la *preuve* est définie comme la convergence de plusieurs études indépendantes. C'est dire que même si elle remplit toutes les conditions de la rigueur, et même si le chercheur qui l'a dirigée bénéficie d'une réputation irréprochable, une étude isolée ne peut à elle seule constituer la *preuve scientifique* de quoi que ce soit.

1 Mais où se cache le danger ?

L'origine des champs

Les notions de *champ électrique* et de *champ magnétique* ne vont pas de soi : les physiciens ont bricolé pendant des siècles avant d'y arriver… et des décennies de plus pour en maîtriser les équations et en tirer les applications pratiques que nous connaissons aujourd'hui. La question de savoir si un champ est une réalité concrète ou une abstraction théorique reste d'ailleurs controversée au sein de la communauté scientifique.

Dans tous les cas, un *champ* sert à décrire une interaction *à distance* entre deux corps. Par exemple, le *champ de gravitation* explique pourquoi les pommes tombent des arbres, plutôt que de flotter comme des bulles de savon, lorsque leur tige devient trop faible pour supporter leur poids : la Terre rayonne un champ de gravitation, qui se propage jusqu'à la pomme sur laquelle il exerce une force, appelée *poids* de la pomme. Ou encore pourquoi l'assiette qui nous échappe des mains va immanquablement se fracasser sur le carrelage de la cuisine, attirée qu'elle est *à distance* par notre planète. Sur la Lune, le champ de gravitation est plus faible (car la Lune est moins massive que la Terre) ; de ce fait, le poids des objets y est moins élevé et les chances de survie des assiettes nettement plus grandes.

Pour sa part, le *champ magnétique* rend compte, entre autres, de l'attraction que l'aimant exerce *à distance* sur un morceau de fer. Telles furent en effet les premières observations, réalisées plusieurs siècles avant notre ère, quelque part en Grèce, dans une région appelée Magnésie. Mais bien entendu, en ce temps-là, il n'était pas question de *champ magnétique* : tout au plus parlait-on de force, d'action, d'énergie, d'influence…

Quant au *champ électrique*, il sert par exemple à expliquer pourquoi les cheveux électrisés par un peigne en plastique se repoussent les uns les autres et refusent ainsi de tenir en place. En réalité, l'électricité doit son nom à l'ambre qui en grec se dit *êlektron*. On savait en effet, depuis la Haute Antiquité, que cette matière (résine de conifères fossilisée), pour peu qu'on la frotte quelques instants, se voit gratifiée d'un étrange pouvoir : celui d'agir *à distance* sur des brins de paille, dans un certain rayon ; ou encore d'attirer puis de repousser une boulette de moelle de sureau. Cette force, attractive ou répulsive selon les circonstances, conduira à la notion de *champ électrique*... 2500 ans plus tard!

Avec cela, on est encore loin de pouvoir imaginer où pourrait éventuellement se cacher le danger.

Les chimères

Disons pour commencer que les champs électriques et magnétiques partagent avec Dieu et avec l'âme humaine, la caractéristique gênante d'échapper à toute perception directe et à toute manipulation concrète. Pas moyen de saisir un champ, d'en découper un morceau, de l'enfermer dans une boîte et de le présenter à une tierce personne comme preuve de son existence. En effet, le corps humain semble bien dépourvu d'organes sensoriels capables de percevoir les champs électriques et magnétiques:

> «*Nous pouvons d'ailleurs être très étonnés de ne pas posséder un sens magnétique, quand nous constatons combien nombreuses sont les actions du magnétisme, et lord Kelvin a même dit, très justement, que l'absence d'un tel sens est une véritable merveille.*»[1]

Cette remarque, due à Lucien Poincaré (1862-1920), date de 1907; elle se réfère à sir William Thomson lord Kelvin (1824-1907), l'un des plus grands physiciens du 19e siècle, et qui parlait ici de «merveille» dans son acception ancienne: phénomène étrange, suscitant un grand étonnement. On doit toutefois tempérer cet émerveillement par la découverte, relativement récente, de magnétosomes dans le cerveau humain. Ces particules d'oxyde de fer (Fe_3O_4), entourées d'une membrane, étaient connues chez certaines bactéries, à qui elles permettent de s'orienter par rapport au champ magnétique terrestre. On sait aujourd'hui qu'il en existe chez des animaux supérieurs, y compris chez l'Homme. Si ce dernier ne semble guère tirer parti de ses magnétosomes, il se pourrait toutefois qu'il en éprouve une certaine sensibilité aux champs magnétiques de basses fréquences. Selon le docteur Jean Pilette, deux autres particularités du corps humain pourraient conduire à une sensibilité aux champs électromagnétiques: les dimensions du corps et le système enzymatique[2].

---

1 Lucien POINCARÉ, *L'électricité*, Paris, 1907, p. 55.

2 Jean PILETTE, *Antennes de téléphonie mobile, technologie sans fil et santé*, disponible sur Internet à l'adresse: http://solutionsmieuxetre.com/documents/electropollution.pdf.

Concernant les dimensions de certains organes du corps, celles-ci sont du même ordre de grandeur qu'un paramètre particulier des ondes que l'on définira ultérieurement : la longueur d'onde. Pour n'en donner qu'un exemple, la longueur d'onde d'un rayonnement de téléphone mobile (1re bande) est d'environ 30 cm, comparable en cela à la dimension du crâne. Or on sait que cette correspondance de dimension conduit à un transfert d'énergie particulièrement efficace entre la source du rayonnement et sa cible. Si ce n'est (de loin) pas encore la preuve d'un effet nocif, c'est en tous les cas une bonne raison de s'en préoccuper. Pour ce qui touche au système enzymatique, différentes études concluent à une influence significative du champ magnétique sur l'efficacité des enzymes, substances qui agissent de manière déterminante sur la vitesse des réactions biochimiques, dans les organismes vivants.

Par ailleurs, l'être humain capte certains champs électromagnétiques très particuliers, comme les rayonnements lumineux, grâce à ses yeux évidemment. Sa peau perçoit l'infrarouge (sensation de chaleur) et réagit à l'ultraviolet (bronzage, cancer de la peau). Mais comme on le verra par la suite, ces rayonnements, bien qu'étant de nature électromagnétique, ne représentent toutefois qu'une tranche limitée dans la très large gamme des champs électromagnétiques. En outre, ils sortent de la catégorie des champs dits *non ionisants*, à laquelle appartiennent ceux – artificiellement rayonnés dans notre environnement – qui constituent l'objet de cet ouvrage. Pour ces derniers, l'être humain ne semble décidément pas capable de percevoir consciemment la présence d'un champ électrique ou magnétique.

Or l'intelligence humaine a horreur du vide : elle invente des images mentales pour représenter ce que l'on ne peut pas voir, elle bricole des explications hâtives pour tout ce que nous ne comprenons pas ; et elle supplée à notre incapacité de prévoir l'avenir en imaginant des conséquences plus ou moins plausibles auxquelles pourraient conduire les progrès du moment. Comme si n'importe quelle élucubration pouvait se justifier, du moment que « *la science n'explique pas tout* ».

Ainsi, la principale difficulté d'une formation de scientifique n'est pas de résoudre des équations inextricables ou de faire fonctionner des machines compliquées. Ce que doit acquérir le scientifique, c'est avant tout la capacité de maîtriser ces tendances naturelles de la psychologie humaine à remplir le vide de la connaissance par des représentations chimériques, et cela au profit d'analyses cohérentes et d'explications rationnellement fondées.

Mais ces belles constructions intellectuelles ne s'achèvent pas en un jour. Lorsque des expériences présentent des résultats totalement nouveaux et inattendus, on voit souvent les savants de l'époque s'égarer dans un foisonnement d'hypothèses et de théories, allant de la plus conservatrice à la plus délirante. C'est la « phase artistique » de la recherche scientifique, celle dans laquelle vont se déverser tous les rêves secrets, les ambitions inavouables et les haines refoulées de ces humains relativement normaux que sont les chercheurs.

Avec le temps toutefois, la méthode reprend ses droits: de toutes les élucubrations, polémiques et autres invectives, il ne restera qu'une seule explication du phénomène considéré, celle qui aura passé avec succès – c'est-à-dire sans aucune défaillance – toutes les vérifications expérimentales. Le reste sera impitoyablement éliminé de la connaissance scientifique et formera une matière abandonnée aux historiens, aux sociologues... ou aux superstitions populaires.

C'est ce qui arriva au magnétisme dès le 17e siècle, avec des séquelles apparemment irréversibles, puisque aujourd'hui encore les magnétiseurs prolifèrent aux côtés des physiciens, les uns et les autres utilisant le même mot pour décrire des « réalités » totalement irréconciliables. Un bref retour en arrière s'avère indispensable pour le comprendre.

La gravité animale

Puisque les aimants agissent à distance, se pourrait-il qu'ils influencent l'intérieur du corps, et de là l'état de santé d'une personne ? Question parfaitement légitime, au demeurant, à laquelle divers médecins tentèrent de répondre, tel le Belge Jan Baptist van Helmont (1580-1644). Ce dernier publie en 1621 un ouvrage intitulé *De magnetica vulnerum curatione (Le traitement magnétique des plaies).* En 1679, le médecin écossais William Maxwell lui emboîte le pas avec *De Medicina Magnetica* (*La médecine magnétique*). Quant au père jésuite Athanasius Kircher (1601-1680), il se distinguera en voyant l'action des aimants aussi bien dans l'amour (attraction !) que dans la musique, sans oublier les traitements des maladies auxquels il consacra plusieurs ouvrages. Mais la grande affaire du magnétisme animal éclata autour des pratiques du médecin allemand Franz Anton Mesmer (1734-1815), dont voici un bref extrait.

Franz Anton Mesmer

Dès son jeune âge, le petit Franz Anton apparaît comme un garçon particulièrement sensible et intuitif, profondément ému par la musique. Initié à 14 ans aux subtilités de la baguette de sourcier par un grand spécialiste du genre, Walter Matteau, il surpasse son maître dès la première tentative, en « sentant » l'eau souterraine avec une étonnante assurance.

Après un premier doctorat en philosophie et un autre en droit, Franz Anton Mesmer décide d'étudier la médecine à Vienne. Or en 1766, un phénomène étrange se manifeste autour d'un patient agonisant, soumis en dernier recours à une saignée, à laquelle assiste Mesmer. Chaque fois que ce dernier s'approche du malheureux, celui-ci retrouve quelque peu ses esprits, prononce quelques mots intelligibles et le mauvais sang coule dans la cuvette. Mais que Mesmer s'éloigne de quelques mètres… alors le patient retombe dans son délire et le sang ne veut plus couler ! Mesmer détiendrait-il un pouvoir surnaturel ? L'intéressé y réfléchit quelque temps et décide de soutenir une thèse consacrée à… l'influence des planètes sur la santé !

Dans son discours académique, après une description apocalyptique de toutes les catastrophes naturelles que cause, selon lui, l'influence des planètes, Mesmer déclare :

> «*Qui pourrait nier dans ces circonstances que la machine animale soit agitée par les mêmes causes. […] Et il y a, en outre, une autre espèce d'influence, une force qui, dans les plus petites particules des fluides et des solides de notre machine, tend, détend et agite la cohésion, l'élasticité, l'irritabilité, le magnétisme et l'électricité, force qui peut sous ce rapport être appelée* "gravité animale". *Nous affirmons la certitude de l'existence d'une certaine puissance qui, s'insinuant dans tous les points du corps, affecte immédiatement tout le système nerveux.*»[3]

Planètes, influence, force, irritabilité, magnétisme, électricité, puissance… Dans l'esprit de Mesmer déjà se mélangent dangereusement le champ de gravitation d'une part, formalisé par Isaac Newton (1642-1727), et d'autre part les champs magnétiques et électriques, qui attendront encore près d'un siècle et le physicien écossais James Clerk Maxwell (1831-1879) pour trouver leur expression rigoureuse.

Mesmer défendit longuement sa thèse sur le ton péremptoire et dogmatique qui ne le quittera jamais par la suite et qui contribuera grandement à sa réputation de charlatan. Les experts du jury lui accordèrent sans conviction le titre de docteur, en insistant sur la nécessité d'arriver rapidement à démontrer par la pratique l'existence et l'importance de ces prétendues forces.

Les passes magnétiques

Immédiatement après, c'est dans une loge franc-maçonnique viennoise que Mesmer va observer les premiers phénomènes psychologiques qu'il exploitera outrancièrement et lucrativement quelques années plus tard. Des rites particuliers provoquaient, chez certains initiés, des évanouissements ou même des

---

3 Jean THUILLIER, *Franz Anton Mesmer ou l'extase magnétique*, Paris, 1988, p. 34.

crises d'épilepsie. D'autres manifestaient des réactions complètement inattendues et qui ne leur étaient pas coutumières en dehors de ces réunions secrètes. Mesmer note tout cela, l'intègre dans sa vision du monde où règnent les influences planétaires et les forces magnétiques, et passe bientôt pour en être le meilleur spécialiste.

Sa brillante éloquence lui vaut des invitations à parler devant des auditoires de plus en plus huppés, où il ajoute quelques interprétations au clavecin, tout aussi brillantes. Bientôt, tout le monde à Vienne veut pouvoir se vanter de fréquenter l'extraordinaire docteur Mesmer. Le jeune Mozart écrira pour lui le petit opéra en un acte *Bastien et Bastienne*. Quant à la baronne Maria Anna von Eulenschenk, elle ne se contente pas de fréquenter amicalement Mesmer : cette femme, connue comme l'une des premières fortunes d'Autriche, épouse le célèbre docteur, de dix ans son cadet.

Or, en 1768, Mesmer assiste à une démonstration qui va lui donner des idées. En pleine effervescence due à la découverte du condensateur électrique par Petrus van Musschenbroek (1692-1761), le médecin viennois Anton de Haen (1704-1776) provoque des mouvements dans les muscles des paralytiques, en y déchargeant des étincelles électriques. Miracle de l'électricité qui fait bouger les paralysés, et même… les morts ! Mesmer, comme bien d'autres d'ailleurs, y puise immédiatement de nouvelles certitudes quant aux puissances de toutes sortes qui agissent sur la « *machine animale* ».

Puis vinrent les expériences médicales réalisées à l'aide d'un aimant. Un lord britannique, de passage à Vienne, avait oublié en Angleterre l'aimant avec lequel son épouse prétendait soigner ses crises. Officiellement sollicité, Mesmer procura donc un aimant à lady Wilcox, qui sembla effectivement y trouver quelque soulagement. Mesmer se montre tout d'abord sceptique. Mais quelque temps plus tard, il décide tout de même d'utiliser à nouveau un aimant pour traiter Franziska Oesterling (29 ans), gouvernante de son état, qui souffre elle aussi de crises d'hystérie terribles et récurrentes. Les aimants sont placés dans des sacs en soie, afin d'éviter un contact désagréable avec la peau de la patiente. Et les crises s'apaisent beaucoup mieux grâce aux aimants, semble-t-il, que par n'importe quel autre traitement.

Mais un beau jour, les aimants ont été réquisitionnés pour d'autres usages et voilà que Mademoiselle Oesterling fait sa crise. Mesmer glisse alors subrepticement, dans les sacs de soie, des objets quelconques qui se trouvaient là par hasard, dépourvus de toute propriété magnétique particulière ; et il les applique comme d'habitude. La crise disparaît et la patiente s'endort paisiblement… Les aimants ne servaient donc à rien !

À quelque temps de là, une nouvelle crise donne l'occasion à Mesmer de vérifier sa précédente conclusion : au lieu d'objets, ce sont ses propres mains qu'il enfile dans les sacs de soie et qu'il applique sur le corps de Franziska Oesterling. Celle-ci ne se doute de rien, elle croit toujours à la vertu des aimants et s'assoupit rapidement avec sérénité : les fameuses passes magnétiques sont nées !

Par la suite, Mesmer pratique ses passes sur Mademoiselle Oesterling, sans même utiliser les sacs de soie. Il masse le corps de la patiente sans mot dire, avec des mouvements qui semblent relever du rituel magique. La patiente entre alors dans un état particulier qui lui permet de revivre certains événements douloureux de son passé. Les séances du docteur Mesmer la place en condition favorable pour exhumer du fond de sa mémoire, les blocages psychologiques qui provoquaient les crises. Et l'état de la jeune femme s'améliore sensiblement.

Le magnétisme animal

À ce stade de ses observations, d'autres que Mesmer en auraient probablement conclu que le magnétisme n'avait rien à voir dans ces transes hypnotiques et ces guérisons inespérées. Mais l'abandon du magnétisme ne colle pas avec les idées de Mesmer, construites autour des influences et des actions à distance. Il postule donc que le magnétisme qui agit sur la santé n'est pas directement celui des aimants, mais un magnétisme propre à chaque personne, une force plus ou moins puissante, et d'ailleurs particulièrement développée chez lui.

Il pense toutefois que les aimants peuvent jouer un rôle indirect : tout comme les planètes dont il avait décrit les effets dans sa thèse, les aimants contribuent à engendrer ce « *fluide général* » dans lequel nous baignons en permanence et qui garantit la santé lorsque le corps l'absorbe harmonieusement ; ou provoque la maladie, dans le cas contraire[4]. C'est ainsi qu'il commande à un artisan un fauteuil dont le siège, les accoudoirs et le dossier sont bourrés d'aimants, et dans lequel il s'assied chaque jour durant plusieurs minutes, afin de recharger son propre magnétisme. C'est ce dernier qu'il désignera sous le terme de *magnétisme animal*.

Dès lors, le divorce est consommé, entre le magnétisme des physiciens d'une part – un magnétisme qui deviendra quantifiable, mesurable et calculable – et le magnétisme animal qui semble surtout décrire métaphoriquement la capacité de certaines personnes à influer sur le comportement de leurs semblables, et accessoirement sur leur santé.

La suite de l'histoire de Mesmer, les nombreuses péripéties qui l'émaillèrent et enflammèrent les imaginations de Vienne à Paris ne sont pas nécessaires à notre propos. Disons pour résumer que, dans un premier temps, l'intéressé se montra décontenancé par cette capacité qu'il se découvrait de traiter

---

[4] René KAECH, « La jeunesse de Mesmer et son activité à Vienne », dans : *Revue Ciba* n° 67, 1948, p. 2325.

des malades en déversant sur eux son propre magnétisme, cela par de simples mouvements de ses mains sur leur corps. Mais bientôt ce pouvoir d'agir sur l'état mental et physique des malades le fascina. Mêlant des convictions sincères à de mystérieuses préparations alchimiques, ajoutant à cela «*son orgueil démesuré*» et «*son esprit vénal incorrigible*» (pour reprendre les termes de son biographe Jean Thuillier), il fit résolument du magnétisme animal son fonds de commerce. En utilisant habilement l'étrange force des vrais aimants comme un moyen de suggestion, et en faisant revivre leur traumatisme à des personnes que des situations tragiques avaient rendues aveugles ou paralysées, Mesmer obtint des effets somatiques bien réels et des guérisons perçues comme miraculeuses.

Il finira pour cela par être considéré comme un véritable précurseur de la psychiatrie, bien qu'il n'ait jamais compris le fondement des principes qu'il utilisait et malgré les explications irrecevables qu'il en donna. Mais pour les physiciens, il restera surtout celui qui a dévoyé le terme de «magnétisme», brouillant durablement les concepts et les esprits. Ainsi Mesmer se rappelle-t-il aujourd'hui à notre bon souvenir, au détour de quelques âneries publicitaires, du genre de celles que l'on trouve dans les catalogues de vente par correspondance: «*Les aimants contribuent à votre santé et permettent de rétablir le flux énergétique*»; ainsi vante-t-on les mérites d'un «*magnifique bracelet magnétique, pour seulement frs 14.95*».

Les champs de la physique

En physique, la définition d'un champ comporte obligatoirement l'indication précise du genre d'objets entre lesquels se produit l'interaction que ledit champ est censé représenter. Ainsi le champ de gravitation concerne tous les objets matériels qui ont une masse, autrement dit… tous! C'est la raison pour laquelle la force d'attraction terrestre (le poids) concerne tous les corps.

Les champs électriques et magnétiques, quant à eux, agissent essentiellement sur toutes les charges électriques. Ils ne peuvent donc influencer et, à plus forte raison, perturber le corps humain, que si ce dernier contient des corpuscules électriquement chargés. Se pourrait-il donc que notre corps contienne des charges électriques, susceptibles par là-même de le rendre vulnérable à ces champs?

Or la réponse est *oui*! Dans toute matière du genre de celles que nous rencontrons dans la vie quotidienne – inerte, végétale ou animale –, entre 40% et

S'il a fallu «inventer» deux sortes de champs pour représenter les interactions entre des corps chargés d'électricité, c'est qu'il existe effectivement deux types d'interaction:

1. Une interaction attractive ou répulsive, qui se manifeste entre n'importe quelles charges électri-

50% du poids est constitué de particules chargées : des électrons (porteurs des charges négatives) et des protons (chargés positivement). Une personne de 70 kg contient donc environ 30 kg de charges électriques. Et si nous ne le remarquons pas au premier coup d'œil, c'est qu'en général ces charges se répartissent très équitablement entre les positives et les négatives, neutralisant leurs influences respectives, de sorte que la charge globale apparaît nulle.

Qui plus est, dans les organismes vivants, ces charges ne se contentent pas de stagner dans le corps. Elles y jouent une multitude de rôles vitaux, de la communication entre les neurones, à la transmission des signaux moteurs et sensoriels le long des nerfs, en passant par le métabolisme des cellules. Voilà pourquoi les champs électriques et magnétiques peuvent agir sur le corps, et même détraquer complètement certaines fonctions biologiques dès que leur intensité dépasse une certaine valeur, considérée de ce fait comme un *seuil pathologique*.

ques ; c'est le champ électrique qui rend compte de cette interaction.

2. Une force transversale, qui se manifeste entre deux charges électriques uniquement si elles sont en mouvement l'une par rapport à l'autre, et qui est représentée par le champ magnétique. Ce type de force permet aussi d'expliquer pourquoi le champ magnétique attire certains métaux et pas d'autres.

Notons que les termes de « positive » et de « négative », appliqués aux charges électriques, relèvent d'une simple convention de langage et n'ont donc rien à faire avec d'éventuels effets bénéfiques ou nocifs.

La réponse à la question initiale de ce chapitre est donc la suivante : le danger que les champs électromagnétiques peuvent présenter pour la santé, lorsqu'ils sont suffisamment intenses, provient des trois éléments suivants :

- les organismes vivants, comme toute matière, comportent des charges électriques ;
- ces dernières jouent un rôle dans le fonctionnement biologique ;
- les champs électriques et magnétiques agissent directement sur les charges électriques.

Faut-il en conclure que les champs sont fondamentalement dangereux ? Une réponse générale a été donnée à ce genre de questions, au 16e siècle déjà, par le médecin suisse Philippus Theophrastus Aureolus Bombastus von Hohenheim (1493-1541), plus connu sous le nom de Paracelse. Celui-ci affirma que « *Sola dosis facit venenum* », ce qui signifie en français que *seule la quantité fait le poison.*

L'intensité du champ

Ainsi, une substance aussi nécessaire à la vie que l'eau elle-même devient dangereuse à haute dose. Le gourou d'une secte en a donné une démonstration involontaire il y quelques années, conseillant à ses adeptes de se purifier en buvant de grandes quantités d'eau. Au-delà d'une quinzaine de litres, plusieurs en moururent. À l'inverse, on peut affirmer que l'arsenic n'est pas un poison… à condition d'en consommer une quantité très modérée ; disons un millième de gramme. À ce propos, on se souvient de ce roi du Moyen-Orient, Mithridate VI, qui, craignant que ses ennemis tentent de l'empoisonner, chercha à s'immuniser contre tous les poisons en en consommant des doses initialement faibles et progressivement croissantes. Ce procédé est encore appelé aujourd'hui *mithridatisation*.

Ce dernier exemple doit d'ailleurs nous inciter à relativiser l'affirmation de Paracelse : ce n'est pas seulement la quantité qui fait le poison, mais également la résistance individuelle de la personne, modifiée encore par une éventuelle accoutumance, ce dont il faudra tenir compte dans le cadre de la protection contre les dangers des champs électromagnétiques ; tant il est vrai que ces considérations sur les substances chimiques s'y appliquent aussi.

Certes les rayonnements non ionisants ne sont pas des produits chimiques. Ils suivent néanmoins en grande partie les principes de la toxicologie. La *quantité de substance* trouvera son équivalent dans l'*intensité du champ*. L'analogie va plus loin : absorbée en quantité excessive, une substance provoque des *effets aigus* (immédiats). La toxicité est alors quantifiée par une *dose* : combinaison de la quantité de substance à laquelle la personne est exposée et de la durée d'exposition. Par ailleurs, même au-dessous de leur seuil de toxicité aiguë, certaines substances provoquent des accumulations progressives dans l'organisme et finissent par y induire des *effets chroniques*. Interviennent alors d'autres paramètres tels que, par exemple, la vitesse à laquelle l'organisme peut éliminer la substance absorbée.

Or tout laisse à penser qu'il pourrait en aller de même de l'exposition aux champs électromagnétiques, avec des *effets aigus* et des *effets chroniques* dans lesquels les durées d'exposition et la capacité de rétablissement de l'organisme joueraient un rôle important. Ces considérations feront plus particulièrement l'objet du chapitre 3. Mais auparavant, il convient de définir plus précisément ce qu'est l'intensité des champs, ainsi que quelques autres paramètres mesurables qui les caractérisent.

2 Comment peut-on mesurer un champ ?

Tout d'abord, on l'a vu, il y a deux *familles de champ*: les électriques et les magnétiques. À l'échelle microscopique, les uns et les autres n'agissent pas de la même manière sur les charges électriques. Ils peuvent donc induire, à notre échelle aussi, des effets différents.

Ensuite, dans chaque famille on trouve un grand nombre de *types de champs* qui se distinguent les uns des autres par la manière dont ils varient au cours du temps. Or cette variation temporelle joue un rôle déterminant dans l'effet qu'un champ donné peut avoir sur la matière, en particulier sur la matière vivante. Du fait de cette diversité des champs, il est évident que la question : *Les champs sont-ils dangereux?* équivaut à demander: *Les liquides sont-ils dangereux?* sans préciser de quel liquide on parle ! En réalité, les seuils pathologiques seront différents pour chaque *type* de chaque *famille* de champ.

Les variations temporelles des champs électriques et magnétiques, qui déterminent leurs propriétés, conduisent à répartir ces champs en trois grandes catégories: les champs *statiques*, les champs *ondulatoires* et les champs *impulsionnels*.

Les champs statiques

Sont ainsi qualifiés les champs qui ne varient pas au cours du temps. La figure 2.1 montre qu'un tel champ se définit simplement, en un point de l'espace, par sa valeur constante, appelée *intensité*. Un objet soumis à un champ statique est un peu comme une bouée posée sur une mer calme: son niveau reste constant.

Le champ magnétique statique le plus connu est évidemment le champ magnétique terrestre; c'est celui qui oriente l'aiguille de la boussole vers le Nord et permet ainsi aux navigateurs de trouver leur destination.

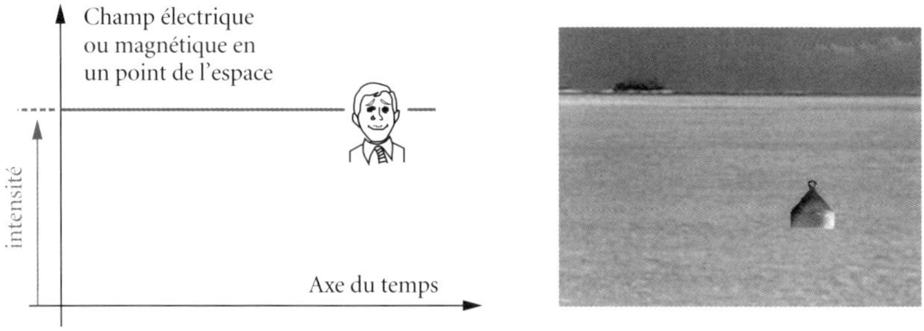

Fig. 2.1 Représentation d'un champ statique.

Le champ magnétique terrestre

A/m signifie ampère par mètre; c'est l'unité de mesure du champ magnétique.

Certes, le champ terrestre n'est pas absolument constant au cours du temps : il varie lentement et s'est même inversé complètement plus de 170 fois au cours des 100 derniers millions d'années. Toutefois, il peut être considéré comme constant à l'échelle d'une vie humaine, et plus encore à celle de nos activités quotidiennes. L'intensité du champ magnétique terrestre atteint environ 55 A/m au voisinage des pôles ; elle tombe à 25 A/m vers l'équateur et tend même vers zéro dans une certaine zone du Brésil. Au centre de l'Europe, l'intensité atteint environ 40 A/m. Précisons que ce champ est indispensable au maintien de la vie sur Terre, telle qu'elle existe aujourd'hui : il protège les êtres vivants contre le « bombardement » continuel des particules chargées qui arrivent de l'espace. En effet, le champ magnétique agit sur les particules chargées en mouvement, non pas en les attirant ou en les repoussant, mais en les déviant de leur trajectoire. C'est ainsi que les particules envoyées par les astres en direction de la Terre s'écartent de part et d'autre de notre planète lorsqu'elles tombent dans l'influence du champ magnétique terrestre, vers 1000 km d'altitude. Tout au plus ces particules effleurent-elles la haute atmosphère où elles ne provoquent que d'inoffensives aurores boréales.

On rencontre fréquemment des champs magnétiques mesurés en mT (milliteslas) ou en µT (microteslas). Il existe une relation entre ces unités et celle que nous utiliserons systématiquement dans cet ouvrage, l'ampère par mètre (A/m) :

$1\ \text{mT} = 1000\ \mu\text{T} \cong 796\ \text{A/m}$

Il faut toutefois savoir que le tesla (et ses sous-multiples) n'est pas une unité de *champ magnétique*, mais de *densité de flux magnétique*. La relation donnée ci-dessus n'est valable que dans l'air. Pour un champ magnétique émis dans un autre milieu (par exemple dans l'eau), non seulement la relation n'est plus la même, mais elle dépend de la manière dont le champ varie au cours du temps.

Les champs magnétiques statiques artificiels

Un aimant immobile produit aussi un champ magnétique statique en tout point de son environnement. Et c'est encore le cas des *courants continus*, utilisés dans certains domaines particuliers de la technique : citons les transports urbains (bus, trams, métros), le traitement du minerai d'aluminium par électrolyse, certains types de soudure ou encore l'imagerie médicale par résonance magnétique. C'est dire que les champs magnétiques statiques artificiels les plus intenses concernent surtout les travailleurs dans des domaines bien spécifiques.

Par malheur, les tâtonnements des pionniers de l'électricité ont conduit à une certaine anarchie dans les termes :

- Les courants électriques qui ne varient pas au cours du temps sont qualifiés de *continus*.
- Les champs qui ne varient pas sont qualifiés de *statiques*.

Au jour le jour...

Une équipe de chercheurs anglais a publié en septembre 2007 les résultats d'une recherche portant sur le personnel médical affecté à la mise en œuvre de scanners. Ces appareils, couramment employés en imagerie médicale, font usage de champs magnétiques intenses, normalement confinés dans la zone où se trouve l'organe du patient à examiner. Toutefois, le personnel affecté à l'exploitation de l'installation peut aussi être exposé à un champ magnétique plus ou moins intense, particulièrement avec les scanners de première génération.

Selon les chercheurs, cette situation peut induire des courants électriques sur les délicats systèmes de l'équilibre qui se trouvent situés dans l'oreille interne de l'être humain. Afin de vérifier ce modèle, ils ont construit plusieurs dispositifs permettant de produire des champs statiques, au niveau de la tête d'une douzaine de volontaires.

Résultats : au cours des expériences, 30% des sujets testés ont manifesté des difficultés à maintenir leur tête immobile dans un champ statique.

Publié dans *Bioelectromagnetics*, vol. 28, n° 5, 2007.

Les champs électriques statiques

Quant au champ électrique statique, le plus directement éprouvé dans la vie quotidienne est celui qui engendre la fameuse *décharge électrostatique* : cette petite étincelle désagréable qui éclate au moment où l'on saisit la poignée d'une porte, en sortant d'une voiture ou en tendant la main à quelqu'un. Notons que ce n'est pas la décharge qui est statique (la décharge est un phénomène éminemment dynamique !), mais bien la charge qui, accumulée par l'un des protagonistes de l'incident, reste statique… jusqu'au moment où la décharge éclate. Ce phénomène s'explique de la manière suivante.

Les charges accumulées rayonnent un champ électrique tout autour de la personne sur laquelle elles se trouvent. Lorsque les charges sont suffisamment nombreuses, le champ électrique atteint un seuil d'intensité qui suffit à provoquer une étincelle. Dans l'air, le seuil en question se situe autour de 3 000 000 V/m. Telle est la condition pour que les molécules de l'air deviennent conductrices et que l'étincelle éclate.

V/m signifie volt par mètre ; c'est l'unité de mesure du champ électrique.

Dans le cas de la décharge d'origine statique, l'accumulation des charges peut résulter du contact avec un corps lui-même chargé, ou alors du frottement des pieds sur un sol isolant ; d'autres mécanismes d'accumulations des charges électriques sont bien connus dans l'industrie chimique, où l'étincelle provoque parfois des explosions meurtrières.

Le champ électromagnétique

À ce stade, une précision importante s'impose. Seul un champ statique (c'est-à-dire qui ne varie pas au cours du temps) peut être purement *électrique* ou purement *magnétique*. Les lois de l'électromagnétisme impliquent en effet que tout *champ électrique variable* engendre un *champ magnétique*, et réciproquement : tout *champ magnétique variable* engendre un *champ électrique*. Cette constatation a donné lieu au concept de *champ électromagnétique* : combinaison d'un champ magnétique et d'un champ électrique qui s'entretiennent mutuellement, par le jeu de leurs variations.

Les champs ondulatoires

Au cours du 19e siècle, les développements industriels liés à l'électricité ont conduit à utiliser, dans un grand nombre de domaines, des courants électriques et des champs électromagnétiques ondulants, plutôt que des courants

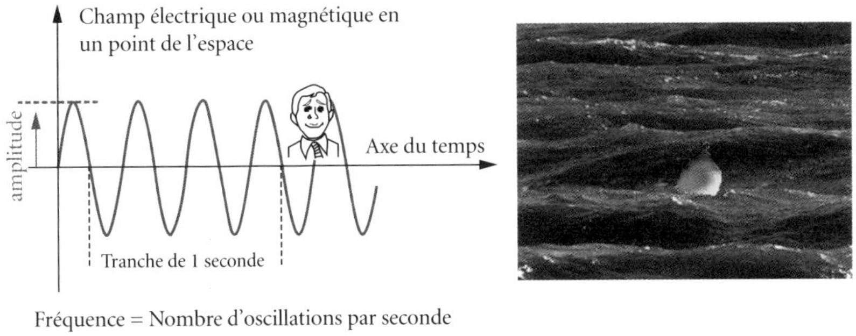

Fig. 2.2 Représentation d'un champ ondulatoire.

ou des champs statiques. La figure 2.2 représente un champ ondulatoire, dans lequel les ondulations sont parfaitement régulières : il s'agit d'ondes dites *sinusoïdales*. Bien que les vagues de la mer ne soient jamais aussi parfaitement sinusoïdales que les ondes électromagnétiques, on peut comparer un objet dans un champ ondulatoire à une bouée posée sur une mer agitée.

Un champ électromagnétique ondulatoire est aussi appelé onde électromagnétique ou rayonnement électromagnétique.

Contrairement au champ statique entièrement défini par son intensité, le champ ondulatoire dépend de deux paramètres :

- Son *amplitude*, qui équivaut à la hauteur des vagues, l'*intensité* valant, par définition, environ 70% de l'amplitude.
- Sa *fréquence* qui équivaut au nombre de vagues passant par minute, à ceci près que les ondes électromagnétiques sont comptées par seconde, et non par minute. Dans la figure 2.2, le champ représenté aurait une fréquence de 3 hertz (hertz = oscillations par seconde).

Tableau 2.1 Relation entre fréquence et longueur d'onde.

Type de champ	Fréquence	Longueur d'onde
Lignes à haute tension	50 hertz	6000 km
Cuisinière à induction	25 mille hertz	12 km
Ondes moyennes	600 mille hertz	500 m
Ondes courtes	15 millions de hertz	20 m
Radio FM	100 millions de hertz	3 m
Téléphone mobile (1re bande)	900 millions de hertz	33 cm
Téléphone mobile (2e bande)	1,8 milliards de hertz	17 cm
Wi-Fi, four à micro-ondes	2,45 milliards de hertz	12,2 cm

Signalons encore que l'espace entre deux «vagues» est appelé *longueur d'onde*. Du fait que la vitesse de propagation des ondes électromagnétiques dans l'air est la même pour tous les types d'onde (300 000 kilomètres par seconde), il s'ensuit que plus la fréquence d'une onde est élevée, plus sa longueur d'onde est courte.

Rien d'étonnant à cela, si l'on imagine les ondulations d'une onde électromagnétique comme des cyclistes engagés dans une course contre la montre: si la fréquence des départs est de 1 cycliste par minute, la distance entre deux cyclistes sera de l'ordre de 1 km; alors qu'avec des départs cadencés à 2 cyclistes par minute, la distance séparant deux cyclistes tombe à 500 mètres environ. Ainsi, plus la fréquence des départs est élevée, plus la distance est courte entre deux cyclistes successifs.

Le choix des ondes

Dans tous les dispositifs faisant usage de l'électricité, le choix d'utiliser des courants alternatifs ou des champs ondulatoires – plutôt que des courants continus et des champs statiques – a découlé de considérations techniques et économiques.

Les réseaux d'énergie électrique

Là encore, une terminologie anarchique résulte de l'histoire:
- les courants électriques qui ondulent sont qualifiés d'*alternatifs*;
- les champs qui varient de cette manière sont appelés *ondulatoires*.

Dans les réseaux d'énergie électrique, par exemple, le *courant alternatif* – découvert en 1831 par Michael Faraday (1791-1867) – s'est imposé pratiquement partout, dès le début du 20e siècle. Mais ce choix n'alla pas sans mal: entre ceux qui le défendaient et les partisans du courant continu, s'engagea à l'époque une guerre féroce que j'ai eu l'occasion de retracer ailleurs[1] et qui conduisit en particulier à l'invention de la chaise électrique. Il se trouve en effet que le transport d'énergie – qui est la raison d'être des réseaux d'énergie électrique – s'avère beaucoup plus économique en courant alternatif qu'en courant continu. En outre, dans tous les réseaux, une partie des courants circulent dans la terre et sont alors qualifiés de vagabonds.

---

[1] Pierre Zweiacker, *Fluide vital – Contes de l'ère électrique*, Presses polytechniques et universitaires romandes, Lausanne, 2005.

Or les courants vagabonds causent beaucoup plus de problèmes de corrosion, en particulier sur les conduites d'eau enterrées, lorsqu'ils sont continus que s'ils ondulent.

Le choix des courants alternatifs implique que les réseaux électriques engendrent des champs électriques et magnétiques ondulatoires, qualifiés en outre de *non intentionnels*, puisque ce n'est pas le but recherché par une ligne électrique que d'émettre de tels champs.

Ne pourrait-on pas éviter le rayonnement de ces champs non intentionnels ? La réponse se trouve dans la physique : il est impossible d'éviter que des *charges électriques* émettent un *champ électrique* ; et tout aussi impossible d'éviter que des *courants électriques* (charges en mouvement) émettent un *champ magnétique*. En effet, un champ magnétique varie toujours de la même façon que le courant qui l'a engendré. Ainsi, les courants continus (qui ne varient pas) engendrent des champs statiques. Quant à un courant alternatif qui ondule à une fréquence déterminée, il rayonne un champ magnétique également ondulatoire, et qui oscille à la même fréquence. Ce principe restera valable pour d'autres types de variations dont il sera question plus loin.

Au jour le jour...

Des chercheurs canadiens ont soumis 32 vaches portantes à des champs magnétiques de l'ordre de grandeur de ceux que l'on peut trouver sous une ligne à très haute tension, et cela à raison de 20 heures par jour. Un groupe de vaches exposées au champ durant 8 semaines a été comparé à un autre groupe de vaches non exposées.

Durant l'expérience, des prélèvements sanguins réguliers ont servi à mesurer la concentration de différentes molécules (progestérone, mélatonine, prolactine, etc.) ainsi que le poids des animaux et leur consommation de nourriture.

Résultats : l'augmentation hebdomadaire du poids était plus élevée de 30% chez les animaux exposés au champ. La concentration sanguine de prolactine a aussi montré une différence significative entre les deux groupes, avec 15% de moins chez les vaches exposées. En revanche, aucune différence n'est apparue pour la progestérone et la mélatonine.

Les auteurs qualifient les effets observés de *biologiques*, mais non de *pathologiques*, car ces expériences n'engendrèrent pas de détérioration de la santé des animaux.

Publié dans *Bioelectromagnetics*, vol. 28, n° 6, 2007.

Tout au plus peut-on placer des *écrans électromagnétiques* qui évitent que ces champs se propagent là où ils pourraient causer des perturbations, y compris sur la santé des personne. Mais ces écrans s'avèrent parfois difficiles à réaliser. Écranter une maison contre le champ magnétique rayonné par une ligne à haute tension, par exemple, équivaut à enfermer la maison entière dans une coque de métal de plusieurs millimètres d'épaisseur... Assez peu convivial !

Les émetteurs

Contrairement aux réseaux d'énergie électrique, les émetteurs radio rayonnent *intentionnellement* des ondes électromagnétiques, puisque telle est leur fonction. Le choix des ondes découla principalement des expériences de Guglielmo Marconi (1874-1937) qui, au début du 20e siècle, montra qu'il était possible de transmettre des messages entre un émetteur et un récepteur, sans aucune connexion par fil. Des champs statiques eurent été de peu d'utilité, s'agissant de transmettre des vibrations sonores qui sont elles-mêmes ondulatoires. D'une manière générale, toutes les techniques de transmission d'information utilisées jusqu'à nos jours trouvent leur origine dans cette constatation – vieille désormais de plus d'un siècle – que les ondes électromagnétiques peuvent être émises et dirigées d'un point à un autre de l'atmosphère terrestre (et même au-delà), permettant ainsi la communication à distance. Même la révolution des communications numériques n'a rien changé aux principes physiques qui gouvernent la propagation des ondes.

La transmission d'énergie

D'autres applications des ondes visent à transmettre non pas de l'*information*, mais bien de l'*énergie*, sous forme de champ électromagnétique. C'est le cas par exemple des cuisinières à induction qui produisent des champs magnétiques ondulatoires d'une fréquence généralement comprise entre 20 et 30 kilohertz (kilohertz = milliers d'oscillations par seconde).

Dans la cuisinière à induction, une source de champ magnétique induit des courants électriques qui vont circuler dans le corps même de la casserole. Or ce phénomène d'induction n'existe pas avec des champs statiques. (On reviendra sur ce point essentiel, au sujet des effets des champs sur les organismes vivants.) Ce sont donc des champs ondulatoires qui permettent à ces appareils de remplir leur fonction.

Au jour le jour...

Des chercheurs de l'Université de Hirosaki, au Japon, ont soumis des cellules de hamsters et différentes bactéries à des champs magnétiques ondulatoires de 23 kilohertz, fréquence utilisée par les cuisinières à induction largement répandues dans leur pays. L'intensité du champ magnétique appliqué était 80 fois supérieure aux recommandations internationales et 500 fois supérieure à celle effectivement mesurée à 30 cm d'une telle cuisinière. Quant à la durée d'exposition, elle allait de 30 minutes pour les bactéries (ce qui leur laissait le temps de se multiplier au moins une fois) à 2 heures pour les cellules de hamster.

Résultats: l'expérience n'a mis aucun effet en évidence. Le taux de croissance des cellules de hamsters exposées au champ magnétique s'est révélé identique à celui des cellules de l'échantillon de référence, non exposé. De même, le taux de mutations constaté chez les bactéries exposées était semblable à celui des bactéries non exposées.

Publié dans *Bioelectromagnetics*, vol. 28, n° 7, 2007.

Le choix de la fréquence

Le choix d'une certaine fréquence, pour une application technique particulière, a toujours résulté de tâtonnements plus ou moins laborieux. En 1921, lors de la Conférence internationale de Paris sur les grands réseaux électriques, un orateur italien déplore que le Piémont soit alimenté en électricité à 50 hertz, alors que la Lombardie possède un réseau à 42 hertz et Bolzano un réseau à 46 hertz[2]. La nécessité d'interconnecter les réseaux conduisit finalement à adopter la fréquence de 50 hertz dans toute l'Europe; mais les États-Unis et le Japon ont des réseaux à 60 hertz et plusieurs pays d'Europe ont gardé des réseaux de chemin de fer alimentés en 16⅔ hertz.

Dans le domaine de la radio, les fréquences d'émission étaient initialement assez mal définies. Marconi lui-même fut le premier à constater (non sans étonnement d'ailleurs) que les fréquences produites par son « émetteur à éclateur » permettaient de communiquer à très longue distance. Ses détracteurs prédisaient en effet que les ondes émises iraient se perdre dans l'espace où seuls d'hypothétiques extraterrestres pourraient les capter. Mais en 1901, Marconi parvint à établir une liaison radio entre l'Angleterre et le Canada.

2 Compte rendu de la Conférence internationale de Paris (21 au 26 nov. 1921) : *Les grands réseaux de transport d'énergie électrique à très haute tension*, Paris, 1922, pp. 264 et 272.

Ainsi les ondes ne se perdent pas dans l'espace: elles suivent la courbure de la Terre en se réfléchissant sur les hautes couches de l'atmosphère (l'ionosphère).

Dans ces premières expériences, la fréquence des ondes de Marconi s'étalait assez largement autour de 50 kilohertz. C'est ce que l'on appellera bientôt des *ondes longues*, mais nombreux sont les sceptiques qui, à cette époque, considèrent encore la radio comme un amusement excentrique. Toutefois, une vingtaine d'années plus tard, le potentiel économique de la communication sans fil est largement reconnu et les progrès techniques s'accélèrent. Tout le monde comprend alors que le mécanisme de réflexion des ondes sur l'ionosphère fonctionne mieux avec des fréquences plus élevées et permet d'échanger des conversations sur la planète entière. On cherche alors à développer des systèmes à *ondes courtes* (fréquence plus élevée = longueur d'onde plus courte). Le 10 juillet 1924, Marconi prononce une conférence à Rome où il parle d'ondes à 3 mégahertz (mégahertz = millions d'oscillations par seconde). Bientôt les fréquences utilisées atteindront plusieurs dizaines de mégahertz.

Rapidement, le droit exclusif d'émettre sur une bande de fréquences va laisser entrevoir des gains colossaux à celui qui les obtiendrait. Les intérêts commerciaux prirent alors le pas sur ceux des inventeurs et des ingénieurs, dont plusieurs se lancèrent dans d'interminables procès et finirent même parfois par se suicider, comme j'ai eu l'occasion de le raconter ailleurs[3].

La fréquence et le danger

Dans le cadre de notre problématique du rapport entre champs électromagnétiques et santé, la question se pose spontanément de savoir si une fréquence plus élevée correspond à un danger plus grand. Rappelons que, dans notre métaphore maritime, la *fréquence* correspond au nombre de vagues déferlant par seconde; la hauteur des vagues correspondant, quant à elle, à l'intensité du champ. Or on s'attend naturellement à ce que, au-dessus d'une certaine intensité, le champ devienne forcément dangereux, comme l'alcool ou l'arsenic finissent fatalement par devenir dangereux au-dessus de certaines quantités qui leur sont propres… et comme Paracelse l'avait affirmé.

En revanche, le rôle de la fréquence est moins évident et s'avère plus complexe. Lorsque la fréquence change, ce n'est pas l'intensité de l'onde qui varie, mais ses propriétés qui se modifient, et en particulier la manière dont cette onde va interagir avec la matière. Qu'il s'agisse des couches de l'atmosphère, des organes du corps humain ou de toute autre substance, c'est toujours la

---

3 Pierre ZWEIACKER, *Morts pour la science*, Presses polytechniques et universitaires romandes, Lausanne, 2007.

fréquence de l'onde qui détermine comment celle-ci se comporte lorsqu'elle entre en contact avec cette matière.

Que l'on songe par exemple à la lumière visible : cette onde électromagnétique oscille à des fréquences comprises, selon la couleur, entre 500 térahertz pour la lumière rouge (térahertz = mille milliards d'oscillations par seconde) et 750 térahertz pour la lumière violette. Première constatation : c'est la fréquence qui détermine la couleur, autrement dit son interaction avec la rétine humaine. Or pour cette bande de fréquences que nos yeux sont en mesure de percevoir, le verre est une matière transparente.

Mais si la fréquence passe à des valeurs plus élevées, l'onde cesse d'être visible et devient ultraviolette. Nos yeux ne la perçoivent plus ; notre peau en revanche en subit les effets (bronzage d'abord, cancer en cas d'excès). Quant au verre, il devient opaque à ces fréquences-là, raison pour laquelle il est pratiquement impossible de bronzer à travers une vitre.

Ainsi on devine aisément qu'en ce qui touche aux dangers que peuvent représenter les champs électromagnétiques, le rôle de la fréquence constitue une part prépondérante de toute la difficulté du problème.

Les rayonnements non ionisants

Le domaine de fréquences concerné par la problématique de la protection des personnes contre les champs électromagnétiques va de 1 hertz (1 oscillation par seconde) à 300 gigahertz (gigahertz = milliard d'oscillations par seconde). Dans cette vaste gamme de fréquences, on verra bientôt que les rayonnements interagissent de différentes façons avec la matière, en particulier avec les organismes vivants. Il y a pourtant un type d'interaction que l'on ne rencontre pas avec de tels champs : l'ionisation, raison pour laquelle ces rayonnements sont qualifiés de *non ionisants*. Le processus d'ionisation qui consiste à briser les atomes dont toute matière est constituée, en séparant les charges négatives des charges positives qu'ils contiennent, est réservé à des rayonnements de fréquences plus élevées, tels que les rayons X, les rayons gamma (rayons γ) émis par certains corps radioactifs ou encore les rayons cosmiques qui nous viennent du fond de l'Univers.

La tradition veut d'ailleurs que l'on appelle *rayons*, plutôt que *champs*, ces ondes électromagnétiques de très haute fréquence, susceptibles de provoquer l'ionisation de la matière.

Quant aux rayons lumineux, ils se trouvent entre les deux : la cellule photovoltaïque, qui produit de l'électricité à partir du rayonnement solaire, prouve que la lumière peut provoquer, dans certains matériaux, une sorte d'ionisation. Toutefois, contrairement aux rayonnements issus des applications techniques de l'électricité, l'origine de la lumière est essentiellement naturelle, et l'être humain ainsi que beaucoup d'organismes vivants (animaux et végétaux) ont développé des organes propres à s'y adapter. Ainsi, du point de vue de la prévention des risques, la lumière n'entre ni dans la catégorie des rayonnements non ionisants (de fréquences plus basses) ni dans celle des rayonnements ionisants de type radioactif (de fréquences plus élevées).

Des ondes pour communiquer

En matière de communication, l'onde en elle-même n'est au départ qu'un véhicule vide; on l'appelle de ce fait *onde porteuse.* Pour qu'elle porte effectivement de l'information (émission de radio, image, conversation téléphonique, données numériques, etc.), il faut que cette information soit combinée à l'onde ou – pour dire la chose plus techniquement – il faut que l'onde soit modulée par l'information. Or, de même que les valises peuvent être chargées dans le coffre d'une voiture, sur la banquette arrière ou sur le toit, il existe également différentes manières de transporter de l'information sur une onde porteuse. Dans le domaine de la radio, la méthode initiale consistait à utiliser la modulation de l'amplitude (*AM = amplitude modulation*), comme le montre la figure 2.3.

Le son que l'on veut transmettre est tout d'abord transformé en une onde électromagnétique de même fréquence, à l'aide d'un microphone (première

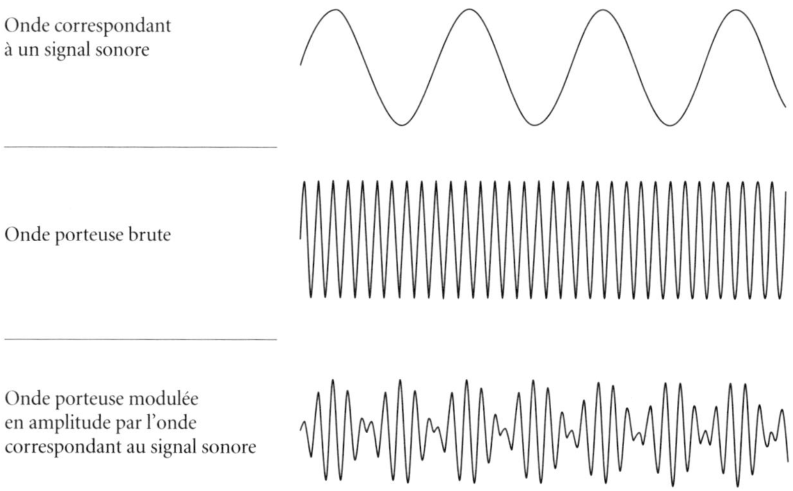

Fig. 2.3 Onde électromagnétique transportant un son par modulation d'amplitude.

ligne de la figure 2.3). La fréquence des sons perceptibles par l'oreille humaine va environ de 20 hertz à 20 000 hertz.

Or les ondes électromagnétiques de ces fréquences-là se propagent plutôt mal dans l'atmosphère. On choisit donc une onde porteuse de fréquence plus élevée (deuxième ligne de la figure 2.3). Puis les deux ondes sont combinées pour donner l'onde modulée en amplitude (représentée à la troisième ligne de la figure 2.3). Ainsi, l'onde finalement émise présente une amplitude qui varie et reproduit la forme du son que l'on veut transmettre. Naturellement, le récepteur qui capte ce signal devra pouvoir séparer l'onde porteuse de celle qui correspond au son, de manière à restituer le signal sonore initial.

En effet, dès le milieu du 20e siècle, le besoin d'améliorer la qualité sonore des émissions de radio conduisit à utiliser un autre type de modulation : la modulation de fréquence (*FM = frequency modulation*), dont nous montrerons un exemple plus loin. En effet, la plupart des parasites qu'une onde rencontre, durant sa propagation de l'émetteur vers le récepteur, vont agir sur son amplitude, mais pas sur sa fréquence. Si, avec la modulation d'amplitude, il est pratiquement impossible de distinguer les parasites du son que l'on voulait transmettre, avec la modulation de fréquence, l'amplitude reste en principe constante, et les parasites qui viennent éventuellement s'y ajouter ne jouent pas un rôle déterminant.

Toutes sortes d'autres modulations ont été imaginées pour servir à différentes applications. Un cas particulier de modulation d'amplitude est celui des champs pulsés, tels que ceux qu'utilisent les téléphones mobiles GSM (*Global System for Mobile Communications*). La figure 2.4 montre le champ électrique tel qu'il a pu être mesuré à proximité d'un téléphone mobile.

L'onde porteuse est de forme sinusoïdale avec une fréquence de 900 mégahertz, ce qui ne se voit pas sur la figure. En effet, le graphique représente

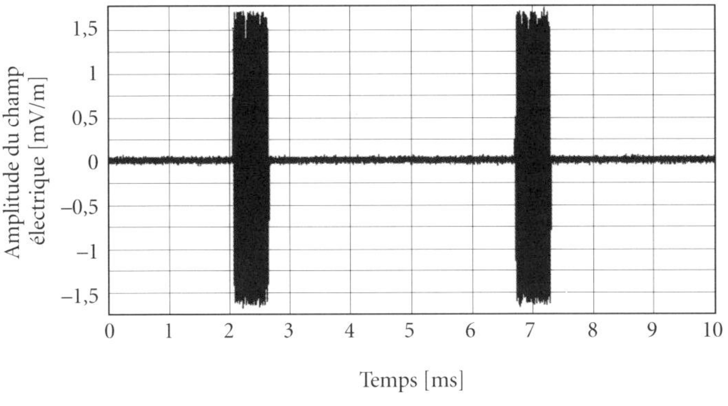

Fig. 2.4 Onde pulsée utilisée en téléphonie GSM.

horizontalement une durée totale de 10 millisecondes (milliseconde = millième de seconde), laps de temps au cours duquel on voit apparaître deux « paquets d'onde », représentant chacun un morceau de conversation téléphonique. Ces paquets durent à chaque fois 0,577 milliseconde et contiennent chacun 519 300 oscillations de l'onde porteuse. Ces dernières sont donc évidemment beaucoup trop serrées les unes contre les autres pour qu'il soit possible de les distinguer.

Notons encore que chaque paquet d'ondes est séparé du suivant par un intervalle de temps de 3,46 millisecondes. Ainsi le téléphone ne communique avec la station de base que durant un huitième du temps. Durant les sept autres huitièmes, l'onde porteuse est coupée pour permettre à d'autres utilisateurs de communiquer sur le même canal. Le procédé qui consiste à partager un canal entre plusieurs utilisateurs, chacun occupant une partie du temps disponible, est appelé *multiplexage temporel*. Il a été imaginé en 1860, par un ingénieur français du nom de Rouvier, dans le cadre du développement du réseau des télégraphes. C'est toutefois Bernhard Meyer (1830-1884) qui fabriqua le premier télégraphe quadruplex, en 1872.

Certains ont émis l'hypothèse que des champs modulés de cette manière pourraient se révéler particulièrement nocifs. Mais faut-il réellement s'en inquiéter ? Le chapitre 4 tentera de faire le point sur cette question, à laquelle les nombreuses études déjà réalisées n'ont pas encore répondu de manière définitive.

Les champs impulsionnels

La troisième catégorie de champ qu'il faut mentionner est celle des *champs impulsionnels*. Comme leur nom le laisse deviner, il s'agit de champs qui se présentent sous la forme d'une « vague » unique, autrement dit une impulsion, souvent de courte durée et que l'on représente généralement par une courbe mathématique appelée *biexponentielle*. Bien que, dans la mer, une grosse vague n'ait jamais une forme aussi parfaitement régulière, on peut comparer le corps soumis à un champ impulsionnel à la bouée que va soulever cette espèce de tsunami.

Comme le montre la figure 2.5, une telle impulsion est caractérisée par plusieurs paramètres : sa hauteur, appelée *crête*, et sa forme que l'on peut spécifier sommairement en donnant le *temps de montée* T_1 au cours duquel l'impulsion monte de zéro jusqu'à sa valeur de crête, ainsi que le *temps de demi-crête* T_2 qu'il lui faut pour redescendre à la moitié de la hauteur de crête.

En pratique, les impulsions de champ les plus intenses que l'on ait à subir proviennent sans doute des éclairs. La figure 2.6 en donne un exemple.

Fig. 2.5 Représentation d'un champ impulsionnel.

Le rayonnement dû à un éclair se propage sur de longues distances, en s'atténuant progressivement. Mais il reste tout à fait mesurable à plusieurs kilomètres. Les services de météorologies qui suivent le développement et la progression des orages peuvent déterminer la position des points d'impacts des éclairs en mesurant ces champs impulsionnels à l'aide d'un réseau de capteurs appropriés.

Des champs impulsionnels sont également engendrés par des phénomènes électriques dits *transitoires*, comme il s'en produit dans les réseaux d'énergie électrique. La simple manipulation d'un interrupteur produit des champs électromagnétiques impulsionnels qui se combinent souvent avec des ondulations.

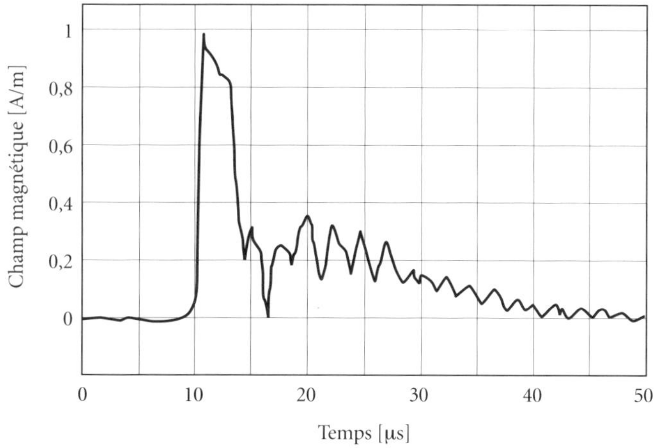

Fig. 2.6 Champ magnétique impulsionnel engendré par un éclair, mesuré à 2 km du point d'impact[4].

[4] Davide PAVANELLO, *Electromagnetic Radiation from Lightning Return Strokes to Tall Structures*, thèse de doctorat de l'École polytechnique fédérale de Lausanne, n° 3713, 2007, p. 94.

La mesure des champs

Ce bref inventaire des types de champs les plus courants ne poursuivait d'autre objectif que de mettre en évidence la nécessité de caractériser un champ donné, et surtout sa variation au cours du temps, par plusieurs paramètres. Ainsi, *mesurer un champ* signifie mesurer différentes grandeurs telles que, selon les cas, l'amplitude, la fréquence, la profondeur de modulation, la durée d'un paquet d'onde, l'intervalle entre deux paquets, la crête d'une impulsion, son temps de montée, etc. Et il est évidemment inutile de s'interroger sur les dangers potentiels que pourrait représenter un champ, sans connaître la valeur de ces divers paramètres.

Les systèmes utilisés pour mesurer des champs comportent toujours deux éléments : un *capteur* qui, placé dans le champ à mesurer, le traduit en un certain signal électrique, et un *appareil récepteur* qui traite ce signal électrique pour en extraire les différents paramètres intéressants et les afficher sous une forme numérique ou graphique. Le chapitre 4 montrera quelques exemples d'appareils utilisés pour la mesure des champs.

Le capteur peut être constitué d'un ruban métallique (mesure du champ magnétique statique), de boucles de fil (mesure de champs magnétiques à basse fréquence), de plaques métalliques mobiles (mesure du champ électrique statique), d'antennes de diverses formes (mesure de champs électriques pour toutes sortes de fréquences) ou encore de cristaux spéciaux dont les caractéristiques optiques se modifient en fonction du champ dans lequel ils sont plongés. Mais de toute manière aucun capteur ne permet de mesurer tous les types de champs. Chaque capteur fonctionne selon un certain principe physique, dans une certaine gamme de fréquences.

Lorsque le capteur est conçu pour une application très spécifique (comme par exemple, l'antenne d'un téléphone mobile), utilisant une gamme assez restreinte de fréquences, on parle de capteur *à bande étroite*. En revanche, lorsqu'il s'agit de pouvoir mesurer une gamme assez étendue de fréquences, comme par exemple l'ensemble des champs présents dans une zone habitée, on utilise des antennes dites *à large bande*. Mais même dans ce cas, une seule antenne ne suffit pas. Pour mesurer tous les champs susceptibles d'exister à un endroit donné, depuis les champs statiques jusqu'aux micro-ondes, c'est typiquement six capteurs différents qui seront nécessaires.

Quand aux appareils récepteurs qui reçoivent les informations du capteur, il en existe essentiellement de trois types :

- Les *oscilloscopes*, qui montrent les variations temporelles du champ mesuré. Le champ rayonné par un téléphone mobile, présenté précédemment à la figure 2.4 avait ainsi été enregistré sur un oscilloscope. Ces instruments permettent aussi de capter les champs impulsionnels, comme par exemple les impulsions électromagnétiques rayonnées par la foudre (fig. 2.6).

• Les *analyseurs de spectre* qui permettent de séparer différentes fréquences, lorsque le champ mesuré est constitué de plusieurs ondes superposées. Ces instruments produisent un résultat graphique dans lequel chaque fréquence est représentée par un pic. La figure 2.7 donne un exemple de mesure réalisée dans la bande de fréquences utilisée par les émetteurs de radio FM (de 88 à 108 mégahertz). Chaque station apparaît dans ce diagramme comme un pic correspondant à la fréquence qui lui est propre. La hauteur d'un pic représente l'intensité de l'onde à l'endroit où on la mesure.

• Les *récepteurs* qui servent à mesurer précisément une fréquence donnée en s'accordant sur cette fréquence, de la même manière qu'un poste de radio est accordé sur une fréquence de façon à capter une station particulière. Ces appareils possèdent généralement un affichage numérique, indiquant l'amplitude de l'onde concernée.

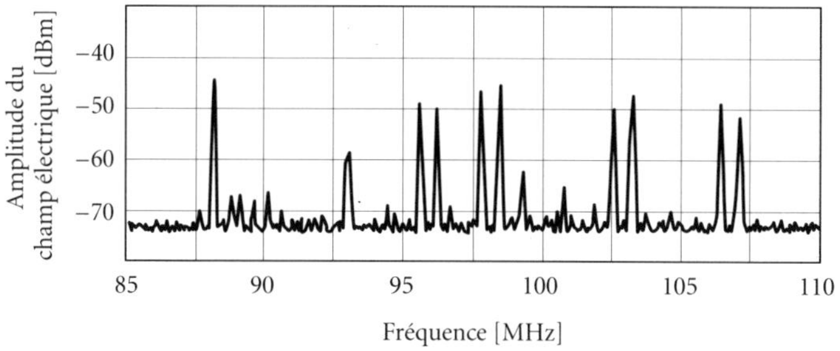

Fig. 2.7 Stations de radio FM, mesurées à l'aide d'un analyseur de spectre.

La fiabilité des mesures

À côté des équipements que l'on peut qualifier de professionnels, la thématique des dangers liés aux champs électromagnétiques a conduit les fabricants à proposer une multitude de petits appareils compacts, dans lesquels le capteur et l'appareil récepteur sont intégrés en un seul boîtier, et destinés au grand public ou à des « spécialistes » indépendants qui proposent leurs services au public. Ces instruments de mesure sont-ils fiables ?

Certes le prix ne dit pas tout. Mais la question de la fiabilité paraît toutefois légitime au sujet d'un instrument vendu pour une centaine d'euros, alors qu'un équipement professionnel vaut au moins 10 000 euros, jusqu'à plusieurs centaines de milliers d'euros.

Les champs électriques et magnétiques ne se laissent pas mesurer aussi facilement que la largeur d'une table ou la température de l'air. Les deux principales sources de difficultés sont d'une part la diversité des types de champs et d'autre part le fait que, dans un environnement typique, plusieurs types de champs se trouvent superposés.

Ainsi, dans un logement, nous trouvons du champ magnétique à la fréquence fondamentale de 50 hertz, qui est la fréquence du courant alternatif fourni par le réseau électrique européen. Notons à ce sujet que le réseau électrique véhicule aussi des courants de fréquences différentes, multiples de la fréquence fondamentale. Ces fréquences appelées *harmoniques* proviennent de perturbations provoquées par certains équipements branchés sur l'électricité (moteurs, tubes fluorescents, etc.) La figure 2.8 montre une onde de 50 hertz, perturbée par 30% d'harmonique d'ordre 3 (150 hertz) et 10% d'harmonique d'ordre 5 (250 hertz).

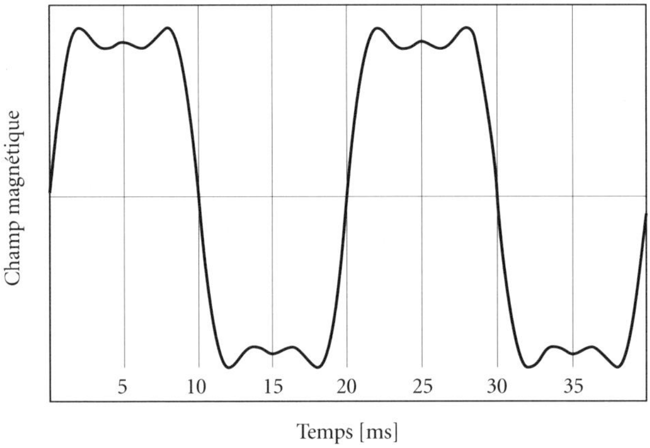

Fig. 2.8 Champ magnétique ondulatoire déformé par des harmoniques.

En outre, le réseau véhicule des signaux de commande pulsés, transmis par les entreprises électriques. Tous ces courants de différentes fréquences rayonnent des champs magnétiques aux fréquences correspondantes.

À ces différents champs rayonnés par le réseau électrique, viennent se superposer les ondes des multiples stations de radio, modulées en amplitude ou en fréquence, qui « arrosent » autant qu'elles peuvent la totalité du territoire ; et aussi les ondes de la téléphonie mobile, qui en font tout autant. Ajoutez encore des signaux numériques, tels ceux d'Internet, qui se baladent dans le réseau téléphonique en émettant des champs électromagnétiques non intentionnels ou, au contraire, émis intentionnellement de manière à offrir des possibilités de connexion sans fil. Appareils électroniques, fours à micro-ondes ou cuisinières à induction viennent également apporter leurs contributions à ce tableau, en rayonnant des champs aux différentes fréquences qui leurs sont propres.

Au jour le jour...

Des chercheurs japonais ont soumis des êtres humains à des champs magnétiques ondulatoires à la fréquence de 50 hertz, déformés par la superposition de deux fréquences harmoniques, soit 150 hertz et 250 hertz. L'intensité du champ atteignait 16 A/m. De plus, des ondes pulsées, de 1 kilohertz et de 80 A/m, étaient ajoutées à ce champ.

L'expérience se déroulait durant une nuit entière, de 20h00 à 8h00 le lendemain. Des échantillons de sang étaient prélevés toutes les heures afin de déterminer le taux de mélatonine, une hormone qui joue un rôle dans le sommeil et protège également contre certains cancers.

Résultats: aucune différence significative n'a été observée dans le taux de mélatonine des personnes exposées, par rapport à une nuit durant laquelle le champ magnétique n'était pas appliqué.

Publié dans *Bioelectromagnetics*, vol. 24, n° 1, 2003.

À proximité des transports publics, on ne manquera pas d'y ajouter des champs magnétiques à basse fréquence, redressés ou statiques, dus aux trolleybus, trams, métros et chemins de fer. À moins que ce ne soit les ondes pulsées provenant du radar d'un aéroport.

Revenons alors à la mesure du champ, tel qu'il se présente comme la superposition de champs de différentes fréquences, provenant de multiples sources. Un appareil de mesure bon marché pourra donner des résultats fiables, dans une certaine gamme de fréquences, lorsqu'il mesure une onde sinusoïdale d'amplitude constante, non modulée, et en l'absence d'autres champs. Dans un tel cas, il affichera peut-être la valeur de l'amplitude avec une précision raisonnable. Mais quelle valeur donne-t-il si cette amplitude varie au cours du temps ? Et si l'onde est modulée ? Ou pulsée ? Ou si plusieurs ondes de différentes fréquences et de différentes amplitudes sont superposées ? Un appareil de mesure du champ *magnétique* ne risque-t-il pas d'être perturbé lorsqu'un champ *électrique* est également présent ? Ou vice versa ?

Toutes ces questions se posent également au sujet des équipements professionnels. à la différence près que ces derniers sont conçus de manière à séparer les différents champs les uns des autres, analyser le type de modulation, suivre les changements d'amplitude au cours du temps et quantifier les incertitudes éventuelles. Sans vouloir condamner l'un ou l'autre des appareils particuliers, disponibles dans le commerce, l'expérience montre que les instruments « grand public » donnent des mesures parfois assez justes et d'autres fois complètement fausses, sans que l'on ne dispose d'aucun moyen pour le déceler.

À cela il faut encore ajouter que le développement de nouvelles technologies exige parfois une adaptation des systèmes de mesures. C'est ainsi que la téléphonie mobile dite « de 3ᵉ génération » selon le système UMTS (*Universal Mobile Telecommuncations System*) fait usage d'un type de modulation nouveau que seuls les modèles les plus récents d'instruments de mesure des champs électromagnétiques permettent d'évaluer correctement.

La mesure des hautes fréquences

La mesure des ondes de hautes fréquences pose des problèmes particuliers, liés à la manière dont ces ondes se réfléchissent un peu partout. Sont principalement concernés par ce problème les ondes de la téléphonie mobile et les accès à Internet sans fil, tel le Wi-Fi par exemple.

Par analogie, supposons que vous souhaitiez mesurer l'intensité de la lumière dans une chambre, comme on le faisait au moment de prendre une photo, à l'époque où les appareils de photo n'étaient pas si intelligents que ceux d'aujourd'hui. En promenant une petite cellule photoélectrique dans une pièce, on trouve des intensités très variées, près de la fenêtre, à proximité d'un mur blanc, dans un recoin obscur ou face à un meuble de couleur sombre. Ainsi la notion de l'*intensité lumineuse dans la chambre* n'a pas de sens, puisqu'elle varie fortement d'un point à l'autre de la pièce.

Il en va de même des champs électromagnétiques de haute fréquence. Même si ces derniers ne sont pas visibles, on peut parler d'« endroits sombres » où les champs sont de faible intensité et d'« endroits clairs » où l'intensité s'avère plus élevée. L'amplitude du champ peut en effet varier considérablement d'un point à l'autre de la pièce, selon la manière dont les ondes se réfléchissent et s'annulent mutuellement, ou au contraire s'additionnent en un point donné. La distribution du champ qui en résulte dépend essentiellement de la présence ou non d'objets métalliques à proximité : volets en acier, fer à béton dans les murs, armoires métalliques, miroirs, réfrigérateurs, etc.

Pour évaluer si un champ électromagnétique à haute fréquence atteint une intensité excessive dans un logement par exemple, il importe de choisir correctement l'emplacement de mesure. En résumé, il convient de mesurer le champ là où la valeur de l'intensité est la plus élevée et où une personne peut effectivement se trouver. Inutile de préciser que les mesures seront à recommencer, chaque fois que le mobilier sera déplacé ou changé.

L'interprétation des mesures

Une fois surmontées toutes les difficultés liées au processus de mesure proprement dit, il reste à savoir ce que l'on fait des valeurs trouvées. L'attitude légaliste consiste à les comparer à des limites prescrites par la loi, telles qu'elles existent aujourd'hui dans la plupart des pays. Nous reviendrons plus en détail sur la forme que ces limites peuvent prendre. Mais on peut déjà dire que les limites reconnues officiellement comme pertinentes sont toujours fondées sur l'état actuel de la connaissance scientifique.

Or cette connaissance reste très incomplète et, qui plus est, sujette à de multiples contestations. Ainsi, des résultats de mesure considérés comme acceptables au regard de la législation en vigueur peuvent être jugés inacceptables par les défenseurs d'un « principe de précaution », dont nous reparlerons également.

3 Quel est le seuil pathologique d'un champ ?

On a indiqué précédemment que les effets des champs électromagnétiques non ionisants relèvent a priori des mêmes considérations que les effets des substances toxiques. Cela constitue au moins un point de départ méthodologique, qui pourra toutefois donner lieu à une remise en question si l'on devait découvrir des mécanismes d'interactions essentiellement différents[1]. En attendant, voici donc quelques considérations générales sur la manière de traiter de la toxicité en général. En premier lieu, il convient de distinguer les effets aigus et les effets chroniques.

Effets aigus

Ces effets sont ceux qui apparaissent pendant, ou immédiatement après, l'exposition à un facteur nocif. Ils découlent d'une action directe du facteur toxique sur le corps, et se caractérisent donc par une relation de cause à effet indiscutable. Pour ce type d'effets, il existe différents seuils à prendre en considération :

- Seuil d'apparition des *effets biologiques* ; effets observables, mais qui ne constituent pas un danger pour la santé. Par exemple, la perception d'une odeur.
- Seuil d'apparition d'*effets pathologiques spontanément réversibles* ; un ou plusieurs paramètres biologiques atteignent des valeurs critiques, mais reviennent spontanément à leur niveau normal, lorsque la cause qui les produit disparaît. Par exemple : vertiges dus à un champ magnétique intense, mais qui disparaissent spontanément lorsque le champ est supprimé.
- Seuil d'apparition d'*effets pathologiques médicalement réversibles* ; un ou plusieurs paramètres biologiques atteignent des valeurs critiques,

[1] Les rayonnements ionisants (radioactivité) ont nécessité des analyses de risques qui leur sont spécifiques.

mais peuvent être ramenés à leur niveau normal par une intervention thérapeutique. Exemple : un rayonnement électromagnétique provoque des maux de têtes qui sont efficacement combattus par un analgésique.

- Seuil d'apparition d'*effets pathologiques irréversibles*. L'exposition au risque laisse des séquelles définitives.
- Seuil d'*effet létal* ; l'exposition au risque provoque la mort à bref délai.

Dans le cas de la toxicité chimique, ces seuils portent généralement sur une combinaison de la concentration de substance toxique présente et de la durée pendant laquelle la victime y est exposée. Pour donner un exemple concret, l'INERIS (Institut national de l'environnement industriel et des risques, France) donne les valeurs ci-dessous (tab. 3.1) pour la toxicité des vapeurs d'acide chlorhydrique (les effets réversibles n'ont pas été examinés dans le cadre de l'étude). La concentration dans l'air est exprimée en milligrammes par mètre cube (mg/m^3) ; le temps d'exposition est donnée en minutes.

Tableau 3.1 Seuils d'effets aigus dus à l'inhalation d'acide chlorhydrique.

Effet biologique (en l'occurrence : perception olfactive)

Concentration	*Durée*
0,5 mg/m^3	indépendamment de la durée

Effets irréversibles

	Concentration		*Durée*	*Dose* (concentration × durée)
	179 mg/m^3	durant	20 minutes	3580
ou	119 mg/m^3	durant	30 minutes	3570
ou	60 mg/m^3	durant	60 minutes	3600

Effets létaux

	Concentration		*Durée*	*Dose* (concentration × durée)
	1013 mg/m^3	durant	20 minutes	20 260
ou	700 mg/m^3	durant	30 minutes	21 000
ou	358 mg/m^3	durant	60 minutes	21 480

Relation dose-effet

Sans surprise, le tableau 3.1 montre que l'on obtient le même effet si la concentration diminue mais que, parallèlement, la durée d'exposition augmente.

Mieux encore, la dose définie comme le produit des deux facteurs s'avère sensiblement constante pour un effet donné :

$$\text{Dose} = \text{Concentration} \times \text{Durée}$$

Ainsi, les effets irréversibles apparaissent pour une dose d'environ 3600, et la mort pour une dose dépassant 20 000. Cette relation entre la dose et la gravité des effets est appelée *relation dose-effet.*

Par analogie, on peut définir une dose de rayonnement non ionisant comme le produit :

$$\text{Dose} = \text{Intensité du champ} \times \text{Durée}$$

À ce sujet, deux remarques s'imposent. Premièrement, bien des doutes subsistent aujourd'hui sur le paramètre qui pourrait rendre dangereux un rayonnement non ionisant : l'intensité momentanée ? l'intensité moyenne sur une journée ? la dose ? etc. Secondement, cette définition de la dose ne correspond pas à celle utilisée pour les rayonnements ionisants tels que la radioactivité ; pour cette dernière, les effets pathologiques sont relativement mieux connus et sont proportionnels à l'énergie du rayonnement, plutôt qu'à son intensité.

On peut remarquer en passant que, dans le cas de l'acide chlorhydrique, le seuil de perception olfactive est très inférieur aux seuils des effets pathologiques. Cela signifie que si des vapeurs d'acide chlorhydrique se dégagent dans le local où l'on se trouve, l'odeur de cet acide sera perceptible avant que sa concentration devienne dangereuse.

Il en va différemment des effets des champs électriques et magnétiques. Du fait de l'absence – précédemment signalée – d'organes spécifiques permettant de percevoir ces champs, l'intensité pourrait atteindre des valeurs dangereuses sans que l'on puisse s'en rendre compte. À cet égard, les champs ressemblent par exemple au monoxyde de carbone (CO) présent dans les gaz d'échappement des voitures. Ce gaz est inodore et incolore, donc indécelable par nos sens. Sa relation dose-effet se présente comme suit :

Tableau 3.2 Relation dose-effet du monoxyde de carbone.

Dose inhalée [$mg/m^3 \times$ minutes]	24	48	90	120
Gravité de l'effet	léger vertige	nausée, maux de tête	irréversible	létal

La comparaison des relations dose-effet, pour les vapeurs d'acide chlorhydrique d'une part et pour le monoxyde de carbone d'autre part, montre une grande différence de toxicité : par exemple, l'effet mortel apparaît à une dose de 20 000 pour l'acide chlorhydrique, mais déjà à 120 pour le CO.

Or les champs électromagnétiques diffèrent les uns des autres, autant que les substances chimiques. On ne répétera donc jamais assez que chaque type de champ nécessite une étude particulière et produit potentiellement des effets qui lui sont propres.

Relation dose-réponse

Lorsque l'on cherche à établir expérimentalement une relation dose-effet en soumettant des groupes de cobayes à certaines nuisances, il apparaît que les réactions varient d'un individu à l'autre. De ce fait, on est amené, dans ce genre d'étude, à définir le pourcentage de cobayes perturbés que l'on considère comme une proportion déterminante, pour un effet donné. Dans le cas du seuil d'effet mortel, on évaluera par exemple la dose qui provoque la mort de 50% des cobayes ; cette grandeur est appelée DL50 (dose létale à 50%).

Si cette grandeur est intéressante pour comparer la toxicité de différents produits sur des animaux de laboratoire, elle n'est probablement pas la plus adéquate pour la protection des personnes : on imagine mal en effet de fixer une limite légale, en se fondant sur une dose de substance toxique qui ne provoquerait « que » 50% de morts ! Dans le cadre de l'étude susmentionnée concernant l'acide chlorhydrique, les seuils des effets létaux correspondent à la DL1 (dose produisant la mort de 1% des cobayes), étant bien entendu que les limites légales devront en définitive être fixées à des valeurs plus basses. Mais justement… plus basses de combien ?

Pour répondre à cette question, on peut se référer à la *relation dose-réponse* (à ne pas confondre avec la relation dose-effet définie ci-dessus). Il s'agit en l'occurrence de la relation entre la dose reçue et la proportion de personnes affectées.

Certaines relations de ce type présentent un seuil d'innocuité : au-dessous d'une certaine dose, personne n'est affecté (0% de la population affectée). Dans un tel cas, on peut garantir la sécurité de tout le monde, en imposant une limite légale inférieure à ce seuil d'innocuité. Dans d'autres cas en revanche, la relation dose-réponse n'a pas de seuil d'innocuité. C'est ce qui arrive avec certaines substances cancérogènes. Mais comme il s'agit là d'effets chroniques, et non d'effets aigus, nous y reviendrons un peu plus loin.

Représentativité des échantillons

En pratique, la détermination d'une relation dose-réponse passe par des expériences réalisées sur des groupes de volontaires, comportant un plus ou moins grand nombre d'individus. Même si dans un groupe de quelques centaines d'individus, personne n'a été perturbé, la question se pose de savoir si cet échantillon de population est bien représentatif de la population entière : les enfants, les femmes enceintes et les vieillards y étaient-ils correctement représentés ? Et les différentes races humaines ? Trop souvent, des normes prétendument universelles sont établies sur des échantillons de populations uniquement occidentales. C'est ainsi que l'on a découvert, il y a quelques années, une sensibilité particulière des Asiatiques vis-à-vis de l'alcool, en raison d'une différence génétique. Qui sait si un phénomène du même genre n'existe pas pour la sensibilité aux rayonnements ?

Enfin, il se pourrait aussi qu'une très petite fraction aléatoire de la population présente une sensibilité exceptionnellement élevée au facteur de risque considéré.

L'hypersensibilité

Dans le cas des champs électromagnétiques, un certain nombre de personnes se disent, ou se croient, électrosensibles. On rencontre même des médecins qui délivrent des attestations d'électrosensibilité. Au regard des connaissances scientifiques actuellement admises, un tel diagnostic semble plus en rapport avec la complaisance qu'avec la médecine ; d'autant que l'on voit mal de quel appareillage un médecin pourrait disposer pour l'établir.

Certes, l'existence d'une hypersensibilité de certaines personnes aux champs électriques et/ou magnétiques ne peut être totalement écartée. Plusieurs groupes de recherches ont tenté de le vérifier objectivement sur des personnes se prétendant électrosensibles. Les résultats conduisent à des conclusions très mitigées. Selon l'OMS (Organisation mondiale de la santé) :

> *La majorité de ces études indique que les individus se plaignant d'hypersensibilité électromagnétique sont incapables de détecter plus précisément une exposition à des champs électromagnétiques que des individus ordinaires*[2].

---

2 Aide-mémoire n° 296 (décembre 2005), disponible sur le site Internet de l'OMS : http://www.who.int/mediacentre/factsheets/fs296/fr/index.html

Toutefois, cette constatation ne règle pas définitivement la question : que la plupart des personnes qui se plaignent d'électrosensibilité ne le soient pas n'empêche pas qu'une petite fraction d'entre elles le soit réellement.

Ces quelques considérations sur l'électrosensibilité doivent nous rappeler qu'en matière de nuisance, les grands écarts qui se présentent dans les réactions individuelles excluent en pratique une protection totale de la population. D'une part, les expériences qui visent à établir une relation dose-effet sont le plus souvent effectuées sur des animaux. Or, si l'extrapolation à l'être humain est généralement possible pour les cas « normaux » (moyennant certains facteurs de sécurité), elle ne permet pas en revanche de tirer des conclusions sur une sensibilité ou une allergie particulière, qui pourrait être spécifique à l'espèce humaine. D'autre part, la majorité des contribuables ou des cotisants à une assurance considère en général comme disproportionné (excessivement coûteux) de renforcer significativement les mesures de prévention, pour le seul bénéfice d'une très petite partie hypersensible de la population.

Pensons par exemple aux normes de bruit : elles permettent de satisfaire les exigences du plus grand nombre. En revanche, considérées comme malades, les personnes atteintes d'hyperacousie (hypersensibilité au bruit), qui représentent environ un demi-pourcent de la population, sont censées suivre des traitements appropriés, aller vivre dans des endroits particulièrement calmes ou s'accommoder de leur mal.

Cette manière de traiter le problème peut sembler cynique au premier abord. Il n'en reste pas moins qu'imposer une réduction notoire de tous les bruits, afin de les ramener à un niveau supportable pour les personnes atteintes d'hyperacousie, impliquerait des investissements colossaux que la majorité des citoyens ne voudrait certainement pas assumer. Dans le même ordre d'idées, il paraît peu probable que l'on puisse, comme certains l'ont tenté, se prévaloir d'un certificat médical d'électrosensibilité pour s'opposer valablement à la construction d'une ligne à haute tension ou d'une antenne de téléphonie mobile.

Pour en finir avec ces considérations générales sur les effets aigus, notons qu'en ce qui concerne les champs électriques et magnétiques de tels effets concernent des pathologies réversibles : maux de tête, perturbations du sommeil, perte d'appétit, etc. En effet, si une cuisinière à induction ou un téléphone mobile rendaient immédiatement infirmes leurs utilisateurs, ou si les personnes mourraient instantanément en passant sous une ligne à haute tension, il est évident que ces dispositifs auraient été interdits depuis longtemps ! Les craintes relatives à d'éventuels effets irréversibles des champs électromagnétiques portent donc essentiellement sur leurs effets chroniques.

Au jour le jour...

En 2000, l'École polytechnique fédérale de Zurich a publié le rapport du projet NEMESIS, mené durant plus de 2 ans. Cette étude comportait deux volets : d'une part, 53 volontaires se disant « électrosensibles » dormaient chez eux, sur des lits équipés de dispositifs produisant des champs électriques et magnétiques à 50 hertz (réseau électrique). Un système de contrôle permettait d'enclencher l'un et/ou l'autre de ces champs de manière constante durant 4 h par nuit, ou en intermittence par tranches de 10 minutes... ou encore de ne pas les enclencher du tout. D'autre part, 63 volontaires soi-disant électrosensibles ont été soumis à des champs électriques et magnétiques en laboratoire, afin de tester leur capacité à ressentir ces champs.

Résultats : dans les essais réalisés à la maison, aucune perturbation significative du sommeil ou du bien-être n'a pu être reliée à la présence des champs. Dans les essais en laboratoires, seules 2 personnes, sur les 63 sujets, se sont montrées capables de détecter la présence d'un champ avec un taux de réussite reconnu comme statistiquement significatif.

Rapport NEMESIS, publié par l'EPFZ, 2000.

Effets chroniques

Les effets chroniques découlent d'une sorte d'*accumulation* par le corps. Cette accumulation doit être prise dans un sens large. Il peut s'agir de l'accumulation de la substance toxique elle-même, ce qui ne saurait entrer en ligne de compte dans le cas des champs électromagnétiques, puisque ceux-ci ne sont pas une substance.

Parfois, c'est l'accumulation d'une substance produite par l'organisme lui-même, en réponse à l'atteinte toxique, qui provoque à terme la pathologie. Mais il se peut encore que cette *réponse* ne consiste pas en une substance facilement identifiable, mais plutôt en des changements biochimiques subtils et progressifs, qui se manifestent éventuellement par des tensions psychologiques, le sujet finissant par « craquer ».

Les effets de ce type se manifestent après une longue période d'exposition épisodique et répétitive à l'influence du facteur nocif. Pour cette raison, ils sont combinés à toutes sortes d'autres facteurs auxquels la personne a été exposée durant cette période. Il s'ensuit que la relation de cause à effet est souvent difficile à établir.

Une telle situation conduit à la multiplication des paramètres à prendre en considération : non seulement la valeur d'exposition (telle la concentration de la substance toxique ou l'intensité du rayonnement) et la durée d'exposition, mais aussi la cadence à laquelle l'exposition a lieu (une fois par jour, par semaine, par mois) et la capacité du corps à se rétablir entre deux expositions successives. La complexité du problème nécessite de l'attaquer par différents angles.

Relation dose-réponse sans seuil

En toxicologie, on sait que certaines substances cancérogènes présentent des relations dose-réponse sans seuil: plus la dose diminue, plus la proportion de personnes affectées diminue également, mais sans jamais arriver à zéro. Seule une absence totale de dose permettrait d'éliminer totalement le risque de morbidité ou de mortalité. Qu'en est-il des rayonnements non ionisants ?

Bien que les études qui concluent à un risque de cancer lié à certains types de rayonnements électromagnétiques restent contestées, il se pourrait que l'on ait affaire, dans de tels cas, à des relations dose-réponse sans seuil. Alors, aucune limite fixée à l'intensité du rayonnement, si basse soit-elle, ne suffirait à en garantir totalement l'innocuité. En pareil cas, il ne reste que deux possibilités : interdire totalement une technologie ou considérer comme acceptable qu'une certaine proportion des utilisateurs en soient victimes.

Les effets généraux des champs

Les lois de l'électromagnétisme nous apprennent que les champs électriques et magnétiques engendrent, dans toute matière conductrice, un certain nombre d'effets que l'on peut ainsi qualifier de *généraux*. On s'attend donc à rencontrer ces *effets généraux* des champs dans le corps humain, du fait que des liquides électriquement conducteurs en constituent une grande partie.

Les effets généraux des champs sont résumés dans le tableau 3.4.

On verra plus loin que, pour les champs statiques et les champs de basses fréquences, il convient d'analyser séparément la présence d'un *champ électrique* et d'un *champ magnétique*. Aux fréquences plus élevées, on ne parle généralement plus que de *champ électromagnétique*.

Les différents domaines de fréquences ne sont toutefois pas strictement délimités, de sorte que des effets de deux types différents se superposent, lorsque l'on passe d'une tranche à la suivante. Ainsi, par exemple, lorsque l'on s'approche des 100 kilohertz, les courants induits sont de plus en plus

Tableau 3.4 Effets généraux des champs.

Champs statiques	**Effets**
Électrique	Actions sur les ions : apparition de courants électriques. Polarisation électrique des membranes des cellules. Action sur les cheveux et sur les poils, qui se repoussent mutuellement.
Magnétique	Action sur des organes ou des liquides en mouvement : perturbations observées sur l'écoulement du sang dans l'aorte.
Uniquement pour des intensités très élevées (applications industrielles)	Action sur des molécules sensibles aux champs magnétiques : effet observé sur certaines enzymes (perturbations des processus métaboliques) et plus encore sur les bâtonnets rétiniens (perturbation de la vision).
Champs à basses fréquences	**Effets**
Électrique ou magnétique (de 1 hertz à 100 kilohertz)	Courants électriques induits dans les tissus : effets sur les nerfs et sur les muscles.
Champs à hautes fréquences	**Effets**
Électromagnétique (de 100 kilohertz à 2 gigahertz)	Échauffement des tissus, dans tout leur volume (effet micro-onde).
Champ hyperfréquences	**Effets**
Électromagnétique (de 2 à 300 gigahertz)	Échauffement de surface (à très haute fréquence, le champ ne pénètre que très peu dans la matière).

faibles, mais l'échauffement des tissus commence à se manifester ; ce dernier devient progressivement prépondérant, pour des fréquences de plus en plus élevées. De même, entre les hautes fréquences et les hyperfréquences, l'effet passera progressivement d'un échauffement du volume vers un échauffement de surface.

Comme ces effets généraux découlent des lois fondamentales de la physique, et plus particulièrement des équations de l'électromagnétisme énoncées en 1864 par James Clerk Maxwell, personne ne songe à en contester l'existence. Dès lors, la question de la prévention se décompose en deux volets :

1. À partir de quelle ampleur, ces effets généraux des champs présentent-ils un danger ? Ou plus précisément, quelle est l'intensité des courants induits dans le corps (à basse fréquence) ou l'amplitude de l'échauffement des tissus (à haute fréquence) susceptible de devenir pathologique ?

2. Quelles sont les intensités de champ électrique, magnétique ou électromagnétique capables d'engendrer ces courants induits ou ces échauffements pathologiques ?

Concernant cette seconde question, les lois de l'électromagnétisme permettent en principe de calculer les courants induits ou les échauffements, si l'on connaît l'intensité du champ qui les produit… à condition toutefois que la substance concernée soit relativement simple et bien définie. Il est ainsi relativement aisé de calculer le courant induit dans un fil de cuivre par un certain champ magnétique oscillant à une fréquence donnée; ou encore l'échauffement d'un litre d'eau sous l'effet d'une source de micro-ondes de puissance donnée.

Mais un organisme vivant ne se résume pas à un matériau simple: chaque organe du corps est composé de différents types de tissus; et chaque cellule de chaque organe peut déjà comporter plusieurs parties (noyau, lysosomes, mitochondries, membrane...) présentant des caractéristiques physiques différentes et liées les unes aux autres de manière complexe. Pour ne rien simplifier, les calculs de courants induits ou d'échauffement ne peuvent que difficilement être vérifiés par l'expérience, car il n'est généralement pas possible d'aller mesurer ces phénomènes à l'intérieur d'un organe.

Ainsi, indépendamment de la question médicale, l'application des équations de l'électromagnétisme à un organisme vivant constitue en soi un problème considérable.

Les courants induits dans les tissus vivants

Pour ce qui est de la densité de courants induits, certaines limites ont été fixées, en fonction de la fréquence, jusqu'à 10 mégahertz, sur la base des connaissances scientifiques actuelles. Par exemple, dans la tranche de fréquence la plus basse (jusqu'à 1000 hertz, incluant la fréquence du réseau électrique: 50 hertz), la densité des courants induits dans le corps ne devrait pas dépasser 0,002 A/m^2. Une telle limite est appelée *restriction de base* et se fonde sur le fait que des effets pathologiques aigus ont été observés sur le système nerveux, à partir de 0,1 A/m^2: la restriction proposée est ainsi 50 fois plus faible que le seuil pathologique connu, cela afin de ménager un marge de sécurité. À titre de comparaison, dans un fil électrique, la densité de courant nécessaire pour allumer une ampoule de 100 watts vaut environ 400 000 A/m^2.

A/m^2 signifie: ampère par mètre carré; c'est l'unité de mesure des densités de courant électrique.

L'échauffement

Pour ce qui touche à l'élévation de la température d'un organe ou d'un tissu, la situation est un peu plus compliquée. L'échauffement est considéré comme critique lorsqu'il dépasse 1°C. Or il dépend non seulement de la nature du tissu, mais également des mécanismes qui en assurent le refroidissement par évacuation de la chaleur. Par exemple, la chaleur dissipée dans le cerveau par les ondes d'un téléphone mobile est principalement évacuée par la circulation sanguine.

Dès lors, le paramètre sur lequel s'applique une *restriction de base* s'appelle *taux d'absorption spécifique (TAS)*, ou *débit d'absorption spécifique (DAS)* ou encore, en anglais, *Specific Absortion Rate (SAR)*. Cette grandeur fait l'objet de restrictions variables selon la fréquence (entre 100 kilohertz et 10 gigahertz) et selon le type d'organe concerné. Par exemple, pour le cerveau soumis au rayonnement d'un téléphone mobile, le *SAR* ne devrait pas dépasser 2 watts par kilogramme de tissu vivant.

Pour les fréquences les plus élevées, l'échauffement ne concerne plus que la surface du corps, car les champs hyperfréquences ne pénètrent pratiquement pas dans la matière biologique. Dans ce cas l'élévation de température dépend essentiellement de la densité de puissance, et la restriction de base fixée pour cette grandeur est de 10 watts par mètre carré. À titre de comparaison, la densité de puissance du rayonnement solaire au niveau de la Terre peut atteindre 1000 watts par mètre carré, au plus fort de l'ensoleillement, avec une moyenne journalière d'environ 200 watts par mètre carré.

La mesure

Malheureusement, ces différentes grandeurs, en particulier la densité de courant dans les tissus et le DAS, sont très difficiles à mesurer directement, de sorte que les restrictions de base s'avèrent peu applicables dans la pratique. Pour en donner un exemple concret, un fabricant de cuisinière à induction peut mesurer assez facilement le champ magnétique rayonné par cet objet, mais comment pourrait-il savoir quelle sera la densité de courant induite par ce champ à l'intérieur du muscle cardiaque de l'utilisateur ?

Les niveaux de référence

Afin de répondre à une telle question, les institutions concernées par la problématique de la protection contre les rayonnements non ionisants s'efforcent de traduire les *restrictions de base* en *niveaux de référence* : intensité de champ électrique ou magnétique à ne pas dépasser, à l'endroit où peut se trouver une personne, de manière à garantir le respect des restrictions de base.

Par ailleurs, on appelle *valeur d'exposition* l'intensité totale d'un champ d'un type donné (électrique ou magnétique), à une fréquence donnée (toutes sources confondues), mesurée à l'endroit où un être humain (ou un animal) peut y être exposé. Les recommandations internationales consistent finalement à proposer que les *valeurs d'exposition* ne dépassent pas les *niveaux de références*.

Par exemple, le *niveau de référence* du champ magnétique à la fréquence du réseau électrique (50 hertz) est de 80 A/m. En conséquence, dans un lieu où des personnes peuvent se trouver, la *valeur d'exposition* du champ magnétique engendré à 50 hertz par des lignes à haute tension, des transformateurs, des moteurs électriques ou tout autre équipement présent ne devrait pas dépasser, au total, ces 80 A/m ; cela garantit en principe que la densité des courants induits dans les tissus des organes humains restera inférieure à 0,002 A/m^2 (*restriction de base*).

Les niveaux de références recommandés seront indiqués dans le chapitre 4, pour les différentes sources de rayonnement examinées.

Les sommations

Pour compléter le tableau, les recommandations comportent des formules mathématiques permettant d'« additionner » d'une certaine manière les champs magnétiques ou électriques de fréquences différentes, cela pour tenir compte d'un effet cumulé de plusieurs champs. La limite proposée pour une exposition à des champs de différentes fréquences s'appelle *limite par sommation*.

Les effets spécifiques des champs

Dans le cas des hautes fréquences, ces effets spécifiques sont souvent qualifiés de *non thermiques*, par opposition aux effets généraux qui, comme on l'a vu, consistent en un échauffement et sont, pour cela, qualifiés de *thermiques*.

Aux *effets généraux* des champs pourraient éventuellement venir s'ajouter des *effets spécifiques*, ainsi baptisés du fait qu'ils ne s'appliqueraient pas de manière semblable sur l'ensemble des organes et des tissus présents dans le corps, mais concerneraient spécifiquement des fonctions biologiques particulières. En effet, le corps humain ne se résume pas à un ensemble de substances passives, si complexe soit-il ; dans un organisme vivant se déroulent en outre une quantité incalculable de processus biochimiques et électrochimiques avec lesquels les champs électriques ou magnétiques ne peuvent manquer d'interférer.

Or il faut dire d'emblée que l'existence d'effets spécifiques reste aujourd'hui fort controversée. Les études qui mettent en évidence un certain seuil de nocivité, pour un type de champ particulier, ne permettent généralement pas de trancher sur la nature, générale ou spécifique, de l'effet observé.

Lorsque des chercheurs trouvent, par exemple, que la concentration de prolactine diminue de 15% dans le lait des vaches portantes soumises à un champ magnétique basse fréquence, cela est-il dû aux courants induits dans le corps (effet général) ? Ou s'agit-il d'une interaction spécifique du champ avec la glande hypophyse qui produit cette hormone (effet spécifique) ? Lorsqu'une étude arrive à la conclusion que le champ électromagnétique d'un téléphone mobile détruit un certain nombre de neurones dans le cerveau, s'agit-il d'une action spécifique de ce type de champ sur un composant particulier de ces cellules ? Ou faut-il n'y voir que l'effet de l'échauffement, comme pourrait en produire tout aussi bien une exposition au soleil ?

La question n'est pas anodine, de savoir si l'on a à faire à un *effet spécifique* ou à un *effet général*. On a vu que les deux principaux paramètres qui caractérisent une onde sont l'intensité et la fréquence. Or les effets généraux dépendent peu de la fréquence. Pour réduire un tel effet à un niveau inoffensif, on cherchera donc à fixer une limite à l'intensité admissible.

À l'inverse, un effet spécifique peut dépendre fortement de la fréquence. C'est le cas lorsque la fonction biologique perturbée présente elle-même une fréquence propre. Par exemple, les neurones communiquent en émettant des impulsions à très basse fréquence (quelques hertz ou dizaines de hertz). Pour cette raison, certains craignent que les champs de basses fréquences induisent une perturbation spécifique sur l'activité neuronale.

Par ailleurs, toutes les molécules ont des fréquences propres d'oscillation, dans le domaine des hautes fréquences ou des hyperfréquences. Si une onde électromagnétique présente la même fréquence que la fréquence propre d'une molécule, on parle alors de *résonance*; en pareil cas, l'énergie de l'onde se transmet à la molécule d'une manière particulièrement efficace, ce qui accroît le risque d'y causer des dégâts.

Par exemple, le professeur Franz Adlkofer, coordinateur de l'étude REFLEX dont nous reparlerons au sujet du téléphone mobile, pense que ceux de la 3e génération (UMTS) pourraient être dix fois plus nocifs que le GSM classique, bien que leurs fréquences soient relativement proches. Si cette hypothèse devait se vérifier, elle conduirait à admettre l'existence d'un effet non thermique, spécifiquement lié à la fréquence ou au type de modulation de l'UMTS.

Ainsi, dans le cas des effets spécifiques, la meilleure solution au problème ne consiste peut-être pas à réduire l'intensité de l'onde, mais plutôt à déplacer sa fréquence ou à changer sa modulation. Cependant, l'existence d'effets spécifiques n'est pas reconnue actuellement comme suffisamment probante pour conduire à de telles restrictions en matière de fréquences ou de modulations.

En pratique, seuls les effets généraux ont donné lieu aux *restrictions de base* et aux *niveaux de références* mentionnés précédemment.

Les études scientifiques

Les institutions internationales s'entendent à reconnaître la recherche scientifique comme méthode de référence pour évaluer les risques. Certes la science ne sait pas tout (loin de là !) ; mais ce que la science n'a pas encore pu élucider, quelle autre méthode permettrait de le savoir mieux ou plus rapidement ? « *Toute connaissance accessible doit être atteinte par des méthodes scientifiques; et ce que la science ne peut pas découvrir, l'humanité ne peut pas le connaître.* »[3] Or cet a priori en faveur de la connaissance scientifique heurte souvent les intuitions ou les convictions individuelles.

Telle personne est convaincue que ses maux proviennent d'une ligne à haute tension, alors que ce n'est pas « prouvé scientifiquement ». Telle organisation est persuadée que l'industrie s'emploie à corrompre les milieux scientifiques ou à noyauter les institutions sanitaires. Et pour ne rien arranger, les scientifiques suivent des modes ou choisissent spécialement les sujets pour lesquels ils ont le plus de chances d'obtenir un financement, de sorte que les lacunes de la science apparaissent réparties de façon inégale, pour ne pas dire suspecte.

Quoi qu'il en soit, et même si nombreux sont ceux qui s'impatientent devant les insuffisances de la connaissance, l'analyse rationnelle d'un tel problème apparaît tout de même, jusqu'à preuve du contraire, comme la moins mauvaise des méthodes. Les recherches scientifiques se répartissent en trois groupes principaux : *biologiques*, *toxicologiques* et *épidémiologiques*.

Les études biologiques

Les études de ce type visent à élucider les mécanismes d'interaction d'un champ électromagnétique avec les composants fondamentaux des êtres vivants. Pour ce faire, elles portent sur des organismes très simples, souvent microscopiques, ou alors des cellules isolées à partir de tissus prélevés sur des organismes plus complexes. Mais pourquoi s'intéresser à des êtres unicellulaires ou microscopiques ? La question à laquelle nous voudrions pouvoir répondre n'est-elle pas

---

3 « *Whatever knowledge is attainable, must be attained by scientific methods; and what science cannot discover, mankind cannot know* », Bertrand Russel, *Religion and Science*, Oxford (édition de 1961).

celle des effets des champs sur l'être humain ? En définitive, les études biologiques visent naturellement à expliquer l'effet des champs sur la santé humaine. Mais elles présentent l'avantage d'aller du simple au plus compliqué, ce qui semble somme toute assez raisonnable.

Au jour le jour…

En 2008, des chercheurs italiens ont soumis des bactéries à des champs magnétiques de 50 hertz, à 3 intensités différentes : 80 A/m, 400 A/m et 800 A/m. Les échantillons exposés durant 20 ou 120 minutes étaient comparés à des bactéries non exposées, en particulier du point de vue de leur viabilité ultérieure.

Résultats : 24 heures après l'exposition au champ (quelle qu'en soit l'intensité), les bactéries soumises à ce traitement présentaient un taux de viabilité entre 25% et 50% plus élevé que les bactéries épargnées par le rayonnement. Cela indique que le champ appliqué correspond à un stress auquel ces organismes répondent par un mécanisme de protection appelé *état VBNC (Viable But Not Culturable)* : un état dans lequel les bactéries ont un métabolisme réduit et qui leur permet de survivre en conditions hostiles, tout en gardant la possibilité de retrouver une vie normale par la suite.

Publié dans *Bioelectromagnetics*, vol. 29, n° 4, 2008.

On l'a vu, les champs électriques et magnétiques agissent exclusivement sur les *charges électriques*, présentes dans toute matière. Il doit donc exister tout un enchaînement de processus qui conduise de la charge électrique contenue dans notre corps jusqu'à l'effet pathologique, du genre de ceux que l'on soupçonne provenir de l'exposition aux rayonnements (maux de tête, perturbation du sommeil, cancer, mutation, tératogénèse, etc.). Notons d'ailleurs que tant que cet enchaînement de processus n'a pas pu être mis au jour, la relation causale entre le champ et la pathologie reste douteuse ; nous y reviendrons dans le paragraphe consacré aux *critères de Hill*.

Même si les dangers pour l'être humain constituent la motivation finale des recherches, notre corps apparaît comme l'un des systèmes biologiques les plus complexes qui soient, ou peut-être même le plus complexe s'agissant en particulier de son cerveau. Dans un tel organisme, il existe une multitude de mécanismes biologiques de protection qui s'enclenchent, dès que les conditions extérieures sont susceptibles de lui devenir défavorables. Il en découle que si un champ électrique ou magnétique atteint une intensité suffisante pour agir sur le corps, on peut s'attendre à ce qu'il en résulte toutes sortes de processus biochimiques difficiles à démêler lorsqu'ils se manifestent simultanément. Notons qu'un tel mécanisme protecteur existe également chez des organismes aussi « simples » que certaines bactéries.

Plusieurs études ont mis en évidence, de différentes manières, l'effet protecteur que peut présenter un stress magnétique, pour ces organismes unicellulaires.

Au jour le jour...

Des chercheurs de l'Université d'Utah (USA) ont soumis des bactéries du genre Salmonella à un champ magnétique basse fréquence (60 hertz) d'une intensité de 11 600 A/m, et cela de manière intermittente : le champ était enclenché durant 5 minutes puis déclenché pendant 10 minutes, ce cycle étant répété pendant 4 heures.

L'étude visait à déterminer si un tel traitement pouvait, d'une part, causer des dégâts au patrimoine génétique, d'autre part, modifier la résistance des bactéries à la chaleur.

Résultats : aucun dégât particulier n'a été trouvé dans l'ADN des organismes exposés, par comparaison avec un groupe non exposé. En revanche, la différence était très marquée vis-à-vis d'un stress thermique : soumises ultérieurement à une température de 53°C, les cellules non exposées au champ présentaient une mortalité 9 fois supérieure à celles préalablement soumises au champ magnétique. Ce dernier fournissait donc un effet protecteur contre la chaleur.

Publié dans *Bioelectromagnetics*, vol. 27, n° 6, 2006.

Outre le fait que les études biologiques vont raisonnablement du simple au compliqué, elles présentent l'avantage de travailler sur des organismes dont la durée de vie est courte. Un des vers nématodes fréquemment utilisés dans ce type de recherche, le *Caenorhabditis elegans*, a une durée de vie de l'ordre de 2 à 3 semaines. Il est ainsi aisé de lui infliger un champ électromagnétique pendant une partie importante de sa vie, voir même durant toute sa vie. Tel est effectivement le problème pratique qui se pose dans le cadre de la santé humaine : la plupart d'entre nous sommes rarement exposés à des champs très intenses. Ce qui peut en revanche susciter quelques craintes, c'est l'exposition à des champs relativement faibles, mais quasi permanents, comme ceux que produisent les équipements électroménagers qui nous entourent ou les antennes émettrices de différentes natures.

Or, en pratique, il s'avère utopique de réaliser une expérience en laboratoire, sur des mammifères supérieurs (singes, chiens, etc.), durant plusieurs décennies. Le besoin d'obtenir rapidement des réponses aux questions que l'on se pose sur les dangers potentiels des champs s'accommoderait mal de tels délais.

De fait, les projets de recherche sont généralement « dimensionnés » et financés sur quelques années. D'où l'avantage de travailler sur des bestioles dont les étapes de croissance, de maturité et de reproduction sont concentrées sur des durées de l'ordre de la semaine ou du mois. À titre d'exemple, une bactérie se reproduit par division, donnant deux nouvelles bactéries toutes les 15 à 20 minutes. Une expérience de 2 heures permet donc d'étudier l'effet d'un champ magnétique sur au moins quatre ou cinq générations.

Par ailleurs, le choix d'organismes élémentaires se justifie aussi par la remarquable unité des processus à l'œuvre dans les êtres vivants. Tout ce qui vit sur notre planète utilise un code génétique formé de quatre constituants de base. Ce code détermine la synthèse du principal composant des tissus vivants que sont les protéines, qui toutes apparaissent comme des combinaisons de vingt acides aminés, identiques pour toutes les créatures vivantes connues sur Terre. Ainsi, même si personne ne souhaite se voir comparer à un pou, la biologie nous oblige à admettre que ce répugnant parasite présente de nombreux points communs avec Miss Univers.

Cela dit, il faut préciser que les études biologiques ne sauraient suffire, à elles seules, pour répondre à la question du risque pour la santé ; elles conduisent même à cet égard à des malentendus parfois exploités malhonnêtement. En effet, dans un organisme vivant, ce sont chaque seconde des millions de cellules qui meurent. D'autres naissent avec des défauts génétiques qui les conduiront à être attaquées plus ou moins efficacement par le système immunitaire. Ainsi, le fait de découvrir, sous un microscope, qu'un certain type de rayonnement peut détruire des cellules ou les faire muter, ne justifie pas encore que l'on crie au meurtre. À partir d'un tel résultat, il convient d'entreprendre d'autres types d'études, à l'échelle de l'organisme entier, afin d'évaluer le potentiel pathogène du processus biologique observé.

Les études toxicologiques

Les recherches de ce type font usage d'animaux proches de l'être humain à certains égards, ou même de l'être humain lui-même. Elles sont *toxicologiques* dans le sens que leur démarche est semblable à celle qui consisterait à injecter un poison à un animal pour en évaluer les effets pathologiques ; les champs électriques ou magnétiques joueront ici le rôle du poison potentiel.

À première vue, ce genre d'études paraît plus apte à répondre aux préoccupations du public, concernant une éventuelle nocivité de tel ou tel type de champ. L'idée qui vient en effet spontanément à l'esprit, pour élucider une telle question, est de réaliser des expériences sur l'être humain lui-même. En outre, de telles expériences ont lieu en laboratoire, c'est-à-dire dans des conditions en principe contrôlables, ce qui est la règle pour une expérience qui se veut scientifique.

Au jour le jour...

Des chercheurs allemands ont voulu déterminer si un rayonnement du type utilisé en téléphonie GSM (900 mégahertz pulsé à 217 hertz) pouvait influencer le seuil de perception visuelle d'un être humain. Les sujets se trouvaient placés en face d'un écran blanc et soumis au rayonnement durant 10 minutes. Puis on leur demandait de déceler sur cet écran de petits flashs d'une demi-seconde, tout d'abord très faibles et ensuite d'intensité croissante. Lorsque le sujet apercevait un flash, il appuyait sur un bouton et l'opérateur notait alors l'intensité atteinte par le flash à ce moment-là.

Résultats : la comparaison avec un groupe de personnes non exposées ayant subi le même test, n'a montré aucune influence significative de ce rayonnement sur le seuil de perception visuelle.

Publié dans *Bioelectromagnetics*, vol. 28, n° 8, 2007.

Les études sur l'être humain sont effectivement possibles lorsqu'il s'agit de mettre en évidence d'éventuelles perturbations du sommeil, de la concentration ou de l'équilibre par exemple. Pour ce qui touche à des risques graves tels que la leucémie ou les malformations de l'embryon… les volontaires risquent de ne pas se bousculer à l'entrée des laboratoires ! Sans parler des commissions d'éthique qui bien évidemment s'opposeraient à de pareilles recherches. Qu'à cela ne tienne, les chiens, les lapins, les singes et autres souris nous remplaceront avantageusement, de telles expériences restant également soumises à des conditions éthiques.

Mais cette substitution de l'animal à l'être humain introduit déjà un premier doute quant à la possibilité d'extrapoler les résultats à notre espèce. Plus ennuyeux encore, le fait que les mammifères ont aussi généralement des durées de vie de plusieurs années. Or en pratique, la question qui se pose est celle des *effets chroniques* (dus à un champ de faible intensité appliqué pendant une fraction importante de la vie), plutôt que les *effets aigus* (induits par un champ intense de courte durée). En effet, un produit qui tuerait son utilisateur en quelques jours ne serait même pas mis sur le marché ; et s'il suffisait de passer 5 minutes sous une ligne à haute tension pour développer un cancer, l'humanité serait déjà en voie d'extinction.

Or mener une expérience d'effets chroniques sur un chien, par exemple, nécessiterait d'imposer à cet animal un séjour de plusieurs années en laboratoire, où les séquelles physiques et psychologiques d'un environnement si peu conforme à ses besoins naturels se révéleraient probablement plus graves que celles dues au rayonnement. Même une souris peut vivre environ deux ans. Compte tenu de la nécessité de répéter une expérience à plusieurs reprises afin d'éliminer statistiquement des effets parasites, une expérience d'effets chroniques sur des souris pourrait s'avérer excessivement longue.

Dans le cadre des études toxicologiques, on est donc généralement amené à utiliser des champs électriques ou magnétiques relativement intenses pendant des durées assez courtes, ce qui conduit le cas échéant à des effets aigus. Or la toxicologie nous apprend que, pour un facteur nocif quelconque, les effets chroniques peuvent être tout à fait différents des effets aigus, ce qui introduit un nouveau doute quant à la validité des résultats.

Au jour le jour...

En 2006, des chercheurs des Émirats arabes unis et de Jordanie ont publié les résultats d'une étude sur les effets des champs magnétiques à 50 hertz (fréquence du réseau électrique) sur différents paramètres de la fertilité. Des rats ont été soumis à un champ magnétique de 20 A/m durant 18 semaines.

Résultats : les animaux exposés au champ présentaient une concentration de spermatozoïdes de 2 à 3 fois inférieure à celle mesurée chez un groupe de rats non exposés. De même, le poids des vésicules séminales apparut réduit d'environ 40% chez les rats exposés. Les chercheurs ont émis l'hypothèse d'une action du champ magnétique de basse fréquence sur les cellules qui produisent la testostérone : la diminution de cette hormone expliquerait les effets aigus observés.

Publié dans *Bioelectromagnetics*, vol. 27, n° 2, 2006.

Par ailleurs, chez les animaux évolués, donc les plus proches de l'être humain, une perturbation extérieure met en branle une multitude de processus biologiques visant à protéger l'organisme. Par analogie, songeons un instant à ce qui se passe par exemple lorsqu'un être humain est exposé à une baisse de température.

Une diminution de la température du sang est détectée au niveau du cerveau, par l'hypothalamus. Ce dernier commande alors toutes sortes de processus biochimiques qui vont permettre au corps de s'adapter à cette perturbation d'origine externe. La sécrétion d'une substance appelée endothéline agit sur la paroi des vaisseaux sanguins capillaires et en provoque la contraction (vasoconstriction), limitant ainsi la déperdition de chaleur. En parallèle, s'enclenche une activité musculaire incontrôlable qui s'accompagne d'une production locale de chaleur : c'est le frisson. Quant au redressement des poils, communément appelé « chair de poule », il conduit, chez les animaux possédant une fourrure, à une amélioration effective de l'isolation thermique qu'elle procure. Inutile de préciser que la vasoconstriction, le frisson et la chair de poule ne sont que trois effets évidents, parmi des quantités d'autres moins visibles. Ces processus biologiques liés au froid donnent lieu aujourd'hui encore à des études poussées et restent incomplètement élucidés.

Il se peut donc que, soumis à des champs électriques et magnétiques, les organismes des mammifères réagissent de manière complexe et diversifiée. Des mécanismes de protection risquent alors de masquer les effets que l'on cherche à observer dans des études de type toxicologique et pourraient ainsi donner lieu à des interprétations erronées.

Au jour le jour...

En 2007, des chercheurs allemands et suisses ont publié les résultats d'une étude visant à établir une relation entre l'apparition de différents types de cancer chez la souris et l'exposition aux ondes électromagnétiques de la téléphonie mobile (première bande à 900 mégahertz et seconde bande à 1800 mégahertz). Durant 2 ans, 1170 souris ont ainsi été exposées à différentes intensités de ces champs, à raison de 2 heures par jours, 5 jours par semaine.

Résultats : aucune augmentation du nombre de cancers (foie, poumons, hypophyse, utérus...) n'a été observée, par rapport à des souris non exposées. L'adénome du foie, une tumeur bénigne, s'est même révélé plus rare chez les animaux exposés aux champs électromagnétiques les plus intenses.

Publié dans *Bioelectromagnetics*, vol. 28, n° 3, 2007.

Dans l'étude NEMESIS (citée plus haut), des personnes soumises à un champ magnétique durant la nuit déclaraient le matin se sentir particulièrement en forme, alors même que les indications des capteurs laissaient plutôt craindre une déficience du sommeil. Le champ magnétique serait-il bon pour la forme ?

En réalité, en cas d'insomnie, le cerveau est le siège de différents mécanismes neurobiologiques induisant un sentiment de bien-être et de bonne humeur. Cet effet est d'ailleurs utilisé dans le traitement à court terme de certaines dépressions sévères, avec cependant des effets secondaires parfois difficiles à maîtriser.

Les études toxicologiques souffrent encore d'un autre inconvénient : elles ne permettent généralement pas de comprendre les causes d'un effet pathologique observé, condition pourtant nécessaire à l'élaboration de mesures de prévention appropriées. Supposons par exemple que l'on découvre un effet des ondes radio sur le taux de spermatozoïdes du sperme humain. Hypothèse fictive à but purement démonstratif : les ondes radio sont largement répandues dans les pays développés, et la diminution de la concentration de spermatozoïdes dans ces mêmes pays est un fait avéré mais inexpliqué à ce jour. Rien n'empêche donc d'imaginer une étude de type toxicologique visant à mettre en évidence une relation entre ondes radio et production de spermatozoïdes.

Supposons qu'une expérience qui viserait à corréler la fertilité humaine aux ondes radio s'avère concluante. Que ferions-nous d'une telle conclusion, en l'absence d'explication biologique ? Si c'est l'intensité du champ qui pose problème, peut-être faudrait-il réduire la puissance des émetteurs, avec le risque de ne plus pouvoir écouter la radio dans certaines régions. Ou compenser cela par une multiplication d'émetteurs de faible puissance, comme on le fait également avec les antennes de téléphonie mobile. Mais si c'est la fréquence qui est critique, faut-il changer les fréquences ? A moins que ce soit le type de modulation qu'il faille modifier. Ou plutôt la durée d'exposition en interdisant par exemple les émissions durant la nuit. Remarquons qu'il serait aussi possible de ne rien faire du tout, considérant qu'une diminution du taux de spermatozoïdes ne constitue qu'un effet biologique non pathologique ; après tout, un seul spermatozoïde suffit pour faire un enfant !

Au jour le jour...

En 2003, un groupe de chercheurs de la Faculté de médecine de Diyarbakir (Turquie) a exposé des rats au rayonnement d'un téléphone mobile placé immédiatement sous leur cage. L'appareil était enclenché à raison de 20 minutes par jour, chaque jour durant 1 mois. L'expérience visait à mettre en évidence d'éventuels effets sur la fertilité.

Résultats : aucun effet n'est apparu, par comparaison avec des rats non exposés au champ : ni le nombre de spermatozoïdes, ni la proportion de spermatozoïdes anormaux, ni le diamètre du tube séminifère ne présentaient de différences significatives entre les deux groupes.

Publié dans *Bioelectromagnetics*, vol. 24, n° 3, 2003.

On le voit donc sur cet exemple fictif, tant que nous n'observons qu'un effet global sans connaître le mécanisme d'action du champ sur le corps, il reste très difficile d'adopter les mesures de prévention les plus appropriées. Ainsi, les études toxicologiques ne peuvent apporter rapidement les certitudes espérées. Elles se contentent souvent de mettre en évidence des problèmes possibles, des pistes à explorer, des dangers à soupçonner, tout cela assorti de quelques hypothèses d'explication. Là encore, la complémentarité des études biologiques et toxicologiques s'avère indispensable.

Il faut enfin mentionner une difficulté propre aux études toxicologiques, particulièrement celles menées sur l'être humain : l'intrusion de facteurs psychologiques, susceptibles de brouiller les résultats et leur interprétation. Dans de telles études, les effets éventuels d'un facteur externe potentiellement nocif sont toujours évalués par comparaison entre un groupe de personnes exposées à ce facteur et un autre groupe non exposé.

Supposons par exemple que l'on veuille mettre en évidence d'éventuels effets des antennes de téléphonie mobile sur l'appétit. Les sujets qui accepteront de se prêter à cette expérience seront divisés en deux groupes : les uns se verront placés durant un certain temps à proximité d'une antenne émettant un champ d'une certaine intensité, et les autres subiront la même épreuve à ceci près que, durant l'expérience, l'antenne ne sera pas enclenchée. Puis on demandera aux deux groupes de dire si leur appétit leur a semblé perturbé dans les heures qui ont suivi l'expérience.

L'appétit dépendant de facteurs psychologiques, il paraîtra sans doute évident que les volontaires ne devraient pas savoir si l'antenne était enclenchée ou non lorsqu'ils y ont été exposés. Mais ce qui est peut-être moins évident, c'est que l'opérateur qui conduit l'expérience ne doit pas le savoir non plus, faute de quoi l'expérience risque également d'être faussée. Telle est la raison d'une méthodologie d'expérimentation dite *en double aveugle*, souvent utilisée.

Les expériences en double aveugle

On a remarqué depuis longtemps que les résultats d'une expérience de type toxicologique peuvent varier considérablement, selon que l'opérateur connaît les conditions de l'expérience ou au contraire qu'il les ignore ; et cela même si les volontaires participant à l'expérience ne savent pas à quel traitement ils ont été soumis.

Lorsque l'opérateur sait quel sujet a été exposé et lequel ne l'a pas été, il se comporte inconsciemment d'une manière légèrement différente avec les uns et avec les autres. Tout aussi inconsciemment, les participants perçoivent ces petites différences de comportement de l'opérateur, ce qui fausse leur appré-

Au jour le jour...

Des chercheurs de l'Université d'Essex (Angleterre) ont publié les résultats d'une série d'expériences relatives aux effets des ondes de téléphonie mobile sur certains paramètres du bien-être, tels que l'inconfort, l'anxiété, la fatigue, etc., chez des personnes qui se disaient « électrosensibles ». Les antennes utilisées pouvaient émettre des ondes GSM (900 mégahertz) ou UMTS (2,1 gigahertz). En outre, dans certaines expériences dites *ouvertes*, les sujets savaient si l'émetteur fonctionnait ou non durant le test, tandis que d'autres expériences étaient menées en double aveugle.

Résultats: durant les expériences ouvertes, les sujets déclaraient souffrir de différents troubles du bien-être lorsque l'émetteur fonctionnait, quel que soit le type d'onde. En revanche, dans les expériences en double aveugle, les sujets ne ressentaient pas de diminution du bien-être lorsque l'antenne émettait en GSM. Toutefois, avec les ondes UMTS, les sujets se déclaraient légèrement plus agités lorsque l'émetteur avait été enclenché.

Publié dans *Environmental Health Perspectives,* vol. 115, n° 11, 2007.

ciation du résultat. Ce phénomène a été démontré depuis longtemps, dans des expériences relatives à l'efficacité des médicaments.

Dans la méthode d'expérience en double aveugle, le sujet de l'expérience et l'opérateur qui la conduit ignorent tous deux quelles en sont les conditions. Le contrôle de ces conditions sera confié à une tierce personne qui n'a aucun contact, ni avec les participants, ni avec l'opérateur durant l'expérience. Appelons cette tierce personne, l'assistant. Dans l'hypothèse visant à déterminer une éventuelle influence des ondes de téléphonie mobile sur l'appétit, on procéderait de la façon suivante.

Chaque volontaire entre, à tour de rôle, dans la salle où se trouvent l'antenne et l'opérateur. Ce dernier donne les consignes nécessaires au déroulement de l'expérience et, lorsque celle-ci peut commencer, actionne une sonnerie qui retentit dans la salle où se trouve l'assistant, sans aucun contact visuel avec la salle d'expérience. De son côté, l'assistant décide au hasard s'il va enclencher ou non l'antenne pour ce test et il note: *antenne enclenchée* ou *antenne non enclenchée.*

Lorsque la durée du test est écoulée, l'opérateur indique au sujet soumis à l'expérience que celle-ci est terminée, et il lui remet un questionnaire comportant différentes questions relatives à son appétit, à compléter durant les prochaines heures. Répétons qu'à ce stade, ni le participant ni l'opérateur ne savent si l'antenne était enclenchée ou non.

Quelque temps plus tard, tous les questionnaires sont récupérés par l'opérateur qui les classe en deux catégories: les *appétits perturbés* et les *appétits non perturbés*. Alors seulement on compare cette liste avec celle établie par l'assistant qui comporte également deux catégories: les *antennes enclenchées* et les *antennes non enclenchées*. Tout cela pourrait se présenter sous la forme du tableau 3.5 ci-après (pour 30 volontaires).

Tableau 3.5 Présentation des résultats d'une étude (fictive) en double aveugle.

Participants	Antenne enclenchée	Antenne non enclenchée	Total
Appétit perturbé	11	5	16
Appétit non perturbé	6	8	14
Total	17	13	30

Que peut-on dire «intuitivement» des résultats qui apparaissent dans ce tableau? Les antennes perturberaient-elles l'appétit, ou non? Dans les études scientifiques, les valeurs de ce type sont soumises à un traitement statistique, afin de déterminer si les écarts entre les différents groupes révèlent une *relation significative* entre le champ appliqué et l'effet observé, ou s'il ne s'agit que de fluctuations aléatoires dépourvues de signification.

Dans ce cas fictif, la statistique nous apprendrait qu'il y a 15% de chances pour que les résultats donnés dans le tableau soient dus au hasard. Or la règle habituellement adoptée dans ce genre d'étude est de considérer que la relation est significative s'il n'y a pas plus de 5% de chances pour que les résultats soient imputables au hasard. Ici, la relation entre le champ électromagnétique et la perturbation de l'appétit serait donc considérée comme *non significative.*

C'est l'occasion de rappeler que le seuil au-delà duquel une relation est jugée significative relève de la tradition, de l'habitude ou de l'inertie. Il n'y a pas de seuil absolu.

Les études épidémiologiques

Après les études biologiques et toxicologiques, il reste à évoquer le troisième type d'études fréquemment menées pour évaluer l'impact potentiel d'un facteur de risque sur la santé, en particulier l'effet des champs électromagnétiques. Il s'agit des *études épidémiologiques*. Cette méthode consiste à travailler directement sur des échantillons de population humaine. Deux principales approches sont possibles :

1. Dans les *études cas-témoins*, on sélectionne un groupe de personnes ayant développé une certaine pathologie (les cas), et on le compare avec un autre groupe de personnes n'ayant pas développé la même pathologie (les témoins). On cherchera alors, entre les deux groupes, une différence d'exposition aux rayonnements incriminés.

2. Dans les *études de cohorte*, on choisit un groupe de personnes initialement en bonne santé, exposées à un certain type de champ électrique ou/et magnétique, et on le compare avec un autre groupe exposé différemment, ou pas exposé du tout. On cherchera alors à déceler, entre les deux groupes, une différence dans la fréquence d'apparition de certaines affections.

Par exemple, l'étude portera sur un groupe de personnes vivant près d'une ligne à haute tension et un autre groupe éloigné d'une telle source de champ. Puis on suivra durant plusieurs années, les dossiers médicaux de ces deux groupes en comptabilisant les diagnostics de leucémies. On peut aussi inventorier toutes les pathologies qui apparaissent dans les deux groupes, sans savoir a priori laquelle pourrait présenter une corrélation avec l'exposition aux rayonnements ; on parle alors d'étude *exploratoire*. Mais exploratoire ou non, de telles études sont dites *prospectives*, en ce sens qu'elles débutent au moment où commence l'exposition aux champs.

Par ailleurs, les études de cohorte peuvent aussi être *rétrospectives* : c'est le cas de celles qui s'intéressent à des groupes de personnes ayant exercé, durant de longues années, une profession exposée à des champs (conducteurs de locomotives, techniciens d'une centrale électrique, personnel d'entretien des émetteurs de radio-télévision...) Cette démarche, qui nécessite de remonter dans le temps pour établir les conditions d'exposition et les suivis médicaux, implique de disposer de dossiers complets sur chaque personne et s'avère, pour cette raison, plus difficile à mettre en œuvre pour des particuliers.

L'avantage des études épidémiologiques vient de ce qu'elles visent à montrer les effets des champs dans les conditions réelles de la vie quotidienne, sur le long terme, et non à court terme, dans les conditions artificielles d'un laboratoire. Cela signifie que de telles études peuvent en principe mettre en évidence les effets chroniques dus à une exposition de longue durée à faible intensité, plutôt que les effets aigus. Mais corollairement, cela signifie aussi que les conditions dans lesquelles l'étude se déroule ne sont pas contrôlées comme elles peuvent l'être dans les expériences biologiques ou toxicologiques. Différentes difficultés en découlent.

Le premier problème se pose lorsqu'il s'agit de trouver deux échantillons de populations qui diffèrent par leur niveau d'exposition à un champ électrique ou magnétique, mais dont tous les autres paramètres soient identiques. Inutile de dire qu'en réalité c'est impossible.

Imaginons concrètement que l'on cherche à montrer un éventuel effet des lignes d'alimentation électrique des chemins de fer sur l'apparition d'un cancer. On pourrait choisir un groupe de personnes vivant près d'une telle ligne et un autre groupe éloigné de toute installation de ce genre. Il faudra s'assurer que, mise à part la proximité à la ligne, les deux groupes ne présentent pas de différences fondamentales. Par exemple, l'âge moyen devrait être sensiblement le même dans les deux groupes. Et non seulement l'âge moyen, mais la distribution des âges autour de la moyenne : en effet, un groupe de personnes ayant toutes 40 ans serait bien différent d'un groupe comportant, en proportions égales, des personnes de 20 ans et d'autres de 60 ans, bien que la moyenne soit aussi de 40 ans.

Mais il n'y a pas que l'âge. Par la force des choses, les deux groupes de personnes ne vivront pas au même endroit. Est-on bien sûr que le climat est le même pour les deux groupes ? Le niveau socio-économique, les possibilités d'accès aux soins, les habitudes alimentaires, la présence d'autres types de nuisances (pollution, bruit…), tout cela est-il vraiment identique dans les deux groupes ? Évidemment non ! Une bonne étude épidémiologique devrait tenir compte de ces *facteurs de confusion*. Par exemple, le groupe vivant près de la ligne de chemin de fer subira également le bruit des trains. Il faudrait donc prendre ce paramètre en considération, en utilisant les résultats d'une autre étude portant sur les risques de cancer liés au bruit. En procédant de même pour tous les facteurs susceptibles de brouiller nos résultats, on peut en principe déterminer si la différence du nombre de cancers observés entre les deux groupes est vraiment due aux rayonnements ou si c'est le fait des autres facteurs.

Mais en pratique, toutes ces corrections tirées d'autres études (qui d'ailleurs présentaient les mêmes difficultés) introduisent à chaque fois des incertitudes qui, en fin de compte, rendent le résultat, quel qu'il soit, toujours contestable. Surtout lorsque les pathologies étudiées sont relativement rares.

On devine en effet ici un second problème propre aux études de cohorte : la leucémie, par exemple, touche approximativement une personne sur 10 000 chaque année. Afin de disposer d'un effectif suffisant de leucémies pour pouvoir y appliquer des calculs statistiques, il faudrait donc qu'une telle étude porte sur des groupes de centaines de milliers de personnes pendant plusieurs années. Mais en même temps, le très grand nombre de personnes intégrées dans l'étude pose un problème d'homogénéité du groupe, à un moment donné, et surtout au cours du temps.

S'il s'agit par exemple de suivre pendant plusieurs années un groupe de personnes vivant près d'un émetteur radio, une proportion de plus en plus grande de ces personnes va déménager au cours de l'étude, d'autres verront leur situation économique s'améliorer notablement ou au contraire se détériorer ; il en résultera peut-être des changements dans leur mode de vie et dans leur alimentation qui viendront brouiller les effets recherchés. D'autres encore décéderont, induisant ainsi une modification de la moyenne d'âge. Enfin, certains renonceront à poursuivre leur participation à la cohorte, rendant le groupe de moins en moins conforme aux critères initialement définis.

Outre que le coût d'une étude portant sur de très nombreuses personnes est toujours faramineux, il est utopique de tenir compte valablement de tous les facteurs de confusion qui entrent en jeu dans des groupes aussi vastes. Notons que ces facteurs susceptibles de perturber les résultats d'une étude de cohorte concernent tout aussi bien les études de type rétrospectif. Pensons par exemple au conducteur de locomotive : ce dernier, solitaire dans sa cabine, privé de contacts avec des collègues ou des clients, subit en outre le bruit des moteurs, travaille en partie de nuit, mange à des heures irrégulières. Tout cela n'expliquerait-il pas, beaucoup mieux que les champs magnétiques, une éventuelle atteinte à la santé ?

Au jour le jour...

En septembre 2006, l'Université de Berne a publié une étude sur les causes de mortalité de 20 141 employés de la compagnie nationale des chemins de fer suisses (CFF) entre 1972 et 2002. Ces personnes étaient réparties en 4 groupes, selon leur niveau d'exposition aux champs magnétiques : les conducteurs de locomotives, de tracteurs de manœuvre, le personnel d'accompagnement et le personnel des gares.

Résultats : l'étude n'a pas confirmé les soupçons de leucémies provoquées par les champs magnétiques. En revanche, les cas de décès dus à la maladie d'Alzheimer étaient significativement plus élevés dans le groupe le plus exposé, celui des conducteurs de locomotives. Toutefois l'étude n'a pas permis de déterminer si la responsabilité de ce fait incombe réellement aux champs magnétiques ou à d'autres contraintes propres à cette profession.

Disponible sur le site Internet de l'Office fédéral de la santé publique (OFSP) de la Confédération helvétique : http ://www.bag.admin.ch/

Lorsque les variables qui peuvent interférer avec le facteur potentiellement nocif étudié ne sont pas correctement prises en considération, on aboutit à un *biais*, un petit mot dans le dictionnaire, mais un grand cauchemar pour tous les épidémiologistes. Non seulement les biais conduisent à des conclusions erronées, mais encore contradictoires. En effet, si deux résultats corrects doivent forcément se confirmer mutuellement, rien n'empêche deux résultats faux de se contredire. Il s'ensuit que les biais apportent une contribution significative à l'idée malheureuse selon laquelle « les experts ne sont pas d'accord ».

Les biais ont été classés en différentes catégories :

- *Biais de confusion.* Imaginons que l'on trouve une plus grande fréquence de maladies cardio-vasculaires chez les personnes qui utilisent fréquemment un téléphone mobile. Cela prouve-t-il que le rayonnement de cet appareil est dangereux ? Non, car il se pourrait que ceux qui téléphonent beaucoup appartiennent à des catégories de population particulièrement stressées, ce qui est connu pour favoriser ce type de pathologie.

- *Biais de sélection.* Dans ce cas, le choix des groupes de personnes étudiés n'est pas adéquat. Cela arrive lorsqu'il s'agit de groupes de volontaires, car rien ne prouve que les volontaires représentent correctement l'ensemble de la population. Mais, par ailleurs, l'éthique ne permet pas de soumettre à une expérience scientifique quelqu'un qui n'est pas volontaire.

- *Biais de classement.* Dans le cours d'une étude épidémiologique, arrive un moment où il s'agit de classer les participants à l'expérience, selon le type d'exposition au rayonnement qu'ils ont subi et selon le type d'effet qu'ils ont ressenti. Or cette opération peut s'avérer partiellement subjective, par exemple lorsqu'il s'agit d'évaluer des maux de tête, des troubles du sommeil, etc. Les personnes qui se savent exposées à une installation électrique située près de chez elles auront tendance à surévaluer leurs problèmes, alors que les personnes non exposées n'y auront pas accordé la même importance et s'en souviendront moins facilement.

- *Biais de questionnement.* Il concerne particulièrement les enquêtes comportant des questionnaires, et a fait plus spécialement l'objet d'études en relations avec les sondages d'opinion. Toutefois, les enquêtes épidémiologiques relatives aux effets des rayonnements non ionisants sur la santé font aussi abondamment usage de questionnaires qui peuvent comporter des ambiguïtés. On peut même dire que le questionnaire dépourvu de toute ambiguïté n'a pas encore été inventé, tant les langages humains sont riches en sous-entendus et en possibilités d'interprétation. Les spécialistes ont recensé 22 biais de questionnement, à éviter si possible lors de l'élaboration d'un questionnaire.

La problématique des biais a donné lieu à un nouveau type d'exercice, l'*analyse groupée d'études épidémiologiques* ou *méta-analyses*. Face à l'abondance d'études donnant des résultats contradictoires, certains chercheurs ont eu l'idée de reprendre toutes les données de plusieurs études et de les soumettre à des traitements statistiques uniformes, en vue d'en tirer des résultats finalement cohérents. Cette démarche, appliquée à des recherches antérieures, peut fournir des conclusions originales, sans qu'il soit nécessaire d'entreprendre de nouvelles études ruineuses. Mais, à ce stade, il importe de se souvenir qu'un traitement statistique ne fournit essentiellement que des conclusions statistiques.

L'interprétation des résultats

En effet, admettons que tous les différents biais susceptibles d'entacher une étude épidémiologique aient pu être exclus (ce qui est d'ailleurs utopique); reste alors à interpréter les résultats. Et nous utilisons à dessein la notion d'« interprétation », car une telle étude ne fournit que des conclusions en termes de probabilité.

Or les personnes concernées par une nuisance ne s'intéressent pas aux probabilités : elles veulent savoir, à titre individuel, si elles courent un certain danger, si elles doivent acheter ou non cette jolie maison qui se trouve à 20 mètres d'un pylône de ligne à haute tension, si elles peuvent donner ou non un téléphone mobile à leur enfant, s'il est vraiment nécessaire d'éloigner le radio-réveil plutôt que de le laisser sur la table de nuit, si leur grossesse pourrait souffrir de l'usage quotidien d'une cuisinière à induction, si leurs pertes de mémoire ne viendraient pas éventuellement de cet émetteur de télévision qu'elles aperçoivent de leur fenêtre, s'il ne faudrait pas éviter les aliments chauffés dans le four à micro-ondes… Pour l'individu, la statistique se réduit à une abstraction sans intérêt ; seules comptent les certitudes permettant de prendre une décision. « *Ce que les hommes veulent, en fait, ce n'est pas la connaissance, c'est la certitude* » a écrit le philosophe anglais Bertrand Russel (1872-1970).

Une certitude apparente

Mais comment passer d'un résultat statistique à une certitude utilisable ? C'est là qu'intervient l'interprétation du résultat, à laquelle on a donné une forme apparemment rigoureuse, grâce au concept de *corrélation significative* ou d'*effet significatif*; un adjectif que nous avons déjà utilisé à plusieurs reprises, mais qui mérite d'être précisé.

Lancez 10 fois une pièce de monnaie et comptabilisez les piles et les faces. Si la pièce ne présente pas de défaut, elle devrait tomber à peu près également sur les deux côtés. Mais cela n'est qu'une moyenne à vérifier sur un très grand nombre de lancers.

Supposons que votre pièce tombe 9 fois sur face et une seule fois sur pile. Faut-il en conclure que la pièce est truquée ou défectueuse ? La statistique nous dit qu'il y a environ une chance sur 51 pour qu'une pièce équilibrée tombe exactement 9 fois du même côté sur dix essais. Mais la statistique ne va pas plus loin et aucun calcul ne peut trancher catégoriquement : il se peut que la pièce soit truquée (résultat significatif), mais il reste une petite chance pour que l'effet observé ne relève que du hasard.

Au jour le jour...

En 1997, douze chercheurs de l'Institut américain de recherche sur le cancer ont mesuré les champs magnétiques dus au réseau électrique, dans la chambre à coucher et dans d'autres pièces du logement, chez 638 enfants de moins de 15 ans atteints de leucémie, ainsi que chez 620 enfants en bonne santé. Les mesures ont également été réalisées dans les logements où les enfants avaient vécu précédemment et même dans les logements où vivait leur mère lorsqu'elle était enceinte.

Résultats : l'étude n'a pas permis d'établir l'existence d'une corrélation significative entre le niveau d'exposition au champ magnétique et le risque de contracter une leucémie infantile.

Publié dans *New England Journal of Medicine*, vol. 337, n° 1, 1997.

En épidémiologie, la tradition veut qu'un effet soit déclaré *significatif* si les résultats obtenus dans le cadre de l'étude n'ont pas plus de 5 chances sur 100 de relever du hasard. C'est ainsi que dans l'exemple fictif donné précédemment (dont les résultats étaient résumés dans le tableau 3.5), la corrélation trouvée entre l'exposition à un rayonnement et la perturbation de l'appétit ne pourrait pas être considérée comme significative, car elle aurait eu 15% de chances de relever du hasard.

Mais qui a décidé de ce fameux seuil de 5% permettant de déclarer *significative* une corrélation ? Personne n'en sait rien... et chacun s'empresse d'en contester la pertinence, lorsque la conclusion qui en découle ne va pas dans le sens de ses convictions personnelles. Conséquemment, pour ce qui touche aux effets potentiellement nocifs des rayonnements non ionisants, aucune étude épidémiologique ne peut jamais, à elle seule, donner des résultats incontestables. Elle constitue au mieux une « pièce du dossier », à compléter par d'autres types d'études. Un degré consensuel de certitude ne peut découler que de l'ensemble des résultats épidémiologiques, toxicologiques et biologiques, soumis à des critères d'analyse sérieux et reconnus comme tels.

Les critères de Hill

Toute personne qui souffre tend à donner une signification à sa souffrance en lui trouvant une cause plausible. Dans une culture religieuse, la souffrance peut se justifier comme une épreuve à surmonter ; ou comme une punition de ses péchés. Et ce genre d'explications reste en vigueur, même dans une société imprégnée de rationalité scientifique, en particulier lorsque cette dernière présente des lacunes et se révèle impuissante à donner des explications convaincantes.

Il y a quelques années, une femme prit contact avec l'École polytechnique fédérale de Lausanne, au sujet de ses migraines et autres problèmes de sommeil et d'appétit, qu'elle ressentait depuis un certain temps. Elle avait appris que notre laboratoire s'impliquait dans des études sur les effets biologiques des champs électromagnétiques. Et de m'expliquer que l'apparition de ses symptômes avait coïncidé avec l'installation d'une antenne, en face de chez elle. Sa fille, d'ailleurs, s'était mise à souffrir de la même façon, au même moment. En outre, lorsqu'elles allaient passer quelques jours ailleurs, les symptômes disparaissaient… pour réapparaître de plus belle lorsqu'elles regagnaient leur logement. La cause était donc claire : cette antenne les rendait malade.

Mais au fait, à quel genre d'antenne avait-on à faire ? Sur ma demande insistante, la « victime » finit par me révéler qu'il s'agissait d'une antenne parabolique, posée sur un balcon, par une famille d'Africains habitant dans un immeuble voisin. Comme l'antenne parabolique se contente de recevoir les ondes transmises par des satellites sans rien émettre par elle-même, il a fallu se rendre à l'évidence que la cause des maux prétendument ressentis se trouvait moins dans l'antenne que dans des préjugés sans rapports avec les champs électromagnétiques.

Cela dit, entre d'une part l'apparition ou l'aggravation d'une pathologie dans la population et d'autre part un facteur externe potentiellement nocif, la mise en évidence d'une relation causale objective s'avère toujours difficile. Et, dans nos sociétés modernes, le déferlement d'informations sur tous les sujets possibles favorise les interprétations et les rumeurs les plus fantaisistes.

On se trouve en effet en présence aujourd'hui d'une série de facteurs potentiellement pathogènes mais dont on ignore s'ils le sont vraiment, ou dans quelle mesure : particules fines dans l'air, nitrates dans les légumes, lignes à haute tension, hormones dans les viandes, fours à micro-ondes, sédentarité, trou dans la couche d'ozone, téléphones mobiles, additifs alimentaires, abus des antibiotiques, stress au travail, etc. Parallèlement, diverses pathologies s'avèrent en augmentation, sans que l'on sache très bien pourquoi : diabètes chez les enfants, allergies de toutes sortes, troubles du sommeil, cancers divers, diminution du taux de spermatozoïdes, déficience auditive, troubles musculo-articulaires, etc.

Dès lors, la tentation est grande d'associer «intuitivement» tel facteur externe à tel ou tel trouble. Mais la recherche d'une explication rationnelle et d'une prévention efficace ne saurait se satisfaire de telles intuitions qui le plus souvent mériteraient d'ailleurs mieux le nom de fantasmes. En 1965, l'épidémiologiste anglais Austin Bradford Hill (1897-1991) proposa donc un certain nombre de conditions à examiner, connues désormais sous le nom de *critères de Hill*, au nombre de 9, et qui permettent de guider le chercheur dans l'analyse des résultats d'une étude de type épidémiologique.

Corrélation et causalité
Dans la société occidentale, l'usage des cartes de crédit se répand et l'endettement privé augmente. Les deux phénomènes sont bien corrélés. Dès lors, la tentation est grande de conclure un peu hâtivement que l'utilisation d'une carte de crédit conduit à l'endettement. C'est une explication possible. Pourtant, la responsable d'une association d'aide aux personnes endettées constate:

«Il arrive souvent que des gens endettés qui n'arrivent pas à joindre les deux bouts se tournent vers les cartes de crédit. Cela leur donne l'impression de disposer d'une soupape.»

Dans ce cas, c'est l'endettement qui conduit à utiliser une carte, plutôt que l'inverse.
Mais finalement, une cause commune pourrait aussi expliquer la corrélation observée: les sollicitations publicitaires omniprésentes. Celles-ci poussent d'une part à consommer frénétiquement (déferlement de produits nouveaux et de méthodes scientifiques de marketing) et incitent dans le même temps à utiliser de plus en plus des cartes de crédit (cartes gratuites, combinées à des primes de fidélité, etc.).

1. Le *critère de relation temporelle*: la cause supposée doit précéder l'effet observé. Cette règle dépasse largement le cadre de la médecine puisque, selon un principe admis en science, toute cause précède dans le temps les effets qu'elle engendre.
Cependant, loin des thèses philosophiques que ce principe peut inspirer, il donne lieu à des difficultés très pratiques, en particulier dans le cas des effets des champs sur la santé, comme nous avons pu le vérifier nous-même à maintes reprises. Une personne annonce qu'elle souffre de certains troubles qu'elle attribue à une installation électrique récemment implantée à proximité de son logement. Mais, à y regarder de plus près, elle ne se souvient pas très bien à quel moment ses problèmes ont commencé; et d'ailleurs, elle ne sait pas non plus exactement quand l'installation incriminée a été construite ou mise en service. L'idée que les deux étaient liés lui est venue a posteriori, alors que ses troubles duraient depuis un certain temps déjà. Impossible, dans ces conditions, de déterminer si la cause supposée a réellement précédé l'effet observé.

2. Le *critère de corrélation*: plus la corrélation est forte entre la présence d'un facteur potentiellement nocif et l'apparition d'une pathologie, plus la probabilité est grande pour qu'il existe une relation causale entre les deux. Normalement, une corrélation est quantifiée par un *coefficient de corrélation*, un nombre qui vaut 0 s'il n'y a pas du tout de corrélation, et qui vaut 1 si la corrélation est parfaite.
Ce critère nous rappelle de ne pas confondre une *corrélation* (plus ou moins bonne) avec une *relation causale*. En effet, lorsque deux séries d'événements, A

et B, apparaissent corrélées, il existe toujours trois explications causales possibles : soit A est la cause de B ; soit B est la cause de A ; soit encore A et B ont une cause commune (voir encadré page précédente).

3. Le *critère de relation dose-réponse* : la pathologie devrait être d'autant plus fréquente dans une population, lorsque celle-ci est plus exposée au facteur nocif supposé.
On considère en général que ce critère fonctionne à sens unique : si une relation dose-réponse existe, cela confirme l'existence d'une relation causale. En revanche, l'absence de relation dose-réponse ne permet pas de conclure dans un sens ou dans l'autre, car différents facteurs peuvent intervenir pour brouiller ou masquer une relation dose-réponse.

4. Le *critère de consistance* : lorsque plusieurs études sont réalisées par différents groupes de recherches, en utilisant différentes méthodes reconnues comme pertinentes, les résultats doivent être compatibles les uns avec les autres.
Ce critère nous renvoie aussi à un principe bien plus généralement admis en science, à savoir que la réalité étant ce qu'elle est, elle ne peut pas dépendre de la méthode que l'on utilise pour la découvrir. Si différentes expériences donnent des résultats contradictoires, cela peut tout d'abord signifier que certaines de ces expériences ont été mal conduites. Après vérification et élimination de ces mauvaises expériences, des résultats qui persistent à se montrer contradictoires indiquent que certains paramètres du problème ont été négligés, tant il est vrai qu'aucune expérience ne peut prendre en compte, a priori, la totalité des paramètres susceptibles de jouer un rôle.
Exemple : deux laboratoires décident de soumettre des échantillons d'une centaine de personnes au rayonnement d'une cuisinière à induction durant une heure et de mesurer, avant et après, la rapidité des réflexes des personnes ainsi exposées. Les deux groupes de personnes sont composés de 50% d'hommes et d'autant de femmes. La distribution des âges et celle des poids sont sensiblement identiques dans les deux groupes. Les rayonnements appliqués sont également identiques. Peut-on dès lors affirmer que l'expérience s'est déroulée dans les mêmes conditions de part et d'autre ? La réponse est oui... à condition de supposer que la température ne joue aucun rôle ; ni l'humidité ; ni la luminosité de la pièce, ni le bruit ambiant ; ni l'heure de la journée à laquelle ont eu lieu les essais ; ni les habitudes alimentaires des personnes exposées...
Dans un premier temps, tous ces paramètres ont été implicitement jugés étrangers au problème, car il est irréaliste de vouloir tenir compte de tout, du premier coup. Mais si les résultats de ces deux expériences – apparemment semblables – se révèlent contradictoires, il faudra chercher ce qui différait d'un laboratoire à l'autre et tout reprendre à zéro. Seules de nouvelles

Au jour le jour...

En 2005, des chercheurs anglais ont publié les résultats d'une étude épidémiologique de type cas-témoins portant sur une éventuelle relation entre le développement de cancers chez les enfants et la proximité d'une ligne à haute tension. Un groupe de 29081 enfants de moins de 14 ans, atteints de cancer entre 1962 et 1995, dont 9700 leucémies, a été comparé à un groupe-témoin de taille semblable. Le niveau d'exposition était quantifié par la distance séparant leur domicile de la ligne la plus proche. Trois fourchettes de distances ont été définies: moins de 200 mètres, entre 200 et 600 mètres et plus de 600 mètres.

Résultats: le traitement statistique indique une augmentation probable du risque de leucémie de 69% pour les plus proches, par rapport aux plus éloignés. De même, la tranche intermédiaire (entre 200 et 600 mètres) présentait une augmentation de 23% des cas de leucémies. En revanche, les autres types de cancer n'ont pas paru subir d'influence du fait de la proximité d'une ligne à haute tension.

Ces effets sont significatifs car la probabilité pour qu'ils résultent du hasard est inférieure à 1 chance sur 100. Toutefois, selon les auteurs, du fait de l'absence de processus biologique plausible, il n'est pas possible d'exclure que le résultat soit dû à un biais de confusion.

Publié dans *British Medical Journal*, vol. 330, n° 7503, 2005.

expériences, soumises à des conditions supplémentaires, permettront finalement d'élucider la question.
Beaucoup ont tendance à oublier ce principe, dans les polémiques sur les effets éventuels des champs électromagnétiques, brandissant comme un évangile telle ou telle étude qui confirme leurs convictions, en oubliant soigneusement d'autres résultats qui les contredisent.

5. Le *critère de plausibilité:* la relation entre la pathologie observée et sa cause supposée doit relever de mécanismes biologiques plausibles, c'est-à-dire compatibles avec ce que l'on sait du corps humain et de son fonctionnement.
En général, ce critère est vivement contesté, du fait de son caractère très conservateur. Après tout, il se pourrait qu'une affection relève d'un mécanisme biologique encore inconnu. Afin de ne pas prolonger une discussion sans fin sur ce qu'il convient de considérer comme plausible ou non plausible, souvenons-nous simplement de l'exemple donné précédemment au sujet d'une antenne parabolique, soupçonnée de provoquer des troubles du sommeil: une telle antenne n'a d'autre fonction que de recevoir des ondes; elle n'en émet point.

Quels que soient notre conception du monde et l'état plus ou moins lacunaire de notre connaissance, il donc est impossible de considérer comme plausible qu'une telle installation puisse induire à distance des effets biologiques, et à plus forte raison pathologiques.
C'est aussi ce critère de plausibilité qui fait encore douter de la relation entre le champ magnétique rayonné par une ligne à haute tension et les leucémies infantiles. Bien que plusieurs études aient conclu à une corrélation significative, on ne voit toujours pas par quel processus biologique un tel effet se produirait.

6. Le *critère des explications alternatives* qui dit simplement que lorsque l'on cherche à expliquer une nuisance, toutes les explications potentielles doivent être prises en considération. Ainsi, une cause particulière sera plus probable si l'on ne trouve aucune autre explication possible. Là encore, la mauvaise foi est souvent à l'œuvre chez ceux qui affirment qu'une maladie est *certainement* due à telle ou telle cause, alors que ce n'est qu'une possibilité *parmi d'autres.*

7. Le *critère de sensibilité expérimentale.* Dans une expérience où l'on cherche à établir la nocivité d'un certain facteur, les effets pathologiques doivent augmenter lorsque le niveau d'exposition augmente. À l'inverse, si les effets observés semblent indépendants du niveau d'exposition, il est peu probable que l'on ait à faire à leur véritable cause.

8. Le *critère de spécificité.* La cause d'une pathologie peut être considérée comme clairement établie lorsque cette cause ne produit pas d'autres troubles et lorsque ceux-ci n'ont pas d'autres causes connues. Tout comme le critère n° 3, celui-ci fonctionne à sens unique : lorsqu'il s'applique, la cause soupçonnée est très probablement la bonne. En revanche, bien des facteurs de risque avérés ne remplissent pas ce critère. Que l'on songe par exemple à la relation entre le tabagisme et le cancer du poumon. Ce dernier peut aussi survenir chez des personnes qui ne fument pas ; et par ailleurs, la cigarette engendre toutes sortes d'autres pathologies. Le critère de spécificité ne s'applique donc pas, et pourtant la relation causale entre tabagisme et cancer du poumon est indiscutable.

9. Le *critère de cohérence*, que l'on peut formuler comme une question : pour rester cohérent, à quelles connaissances admises faudrait-il renoncer, si l'on reconnaît un facteur comme la cause réelle d'une certaine maladie ?
La physique nous apprend par exemple que les champs magnétiques statiques n'induisent pas de courants électriques dans un organe immobile ; et encore moins d'échauffement des tissus, cet effet étant réservé aux rayonnements de hautes fréquences. Tout cela découle des lois fondamentales de l'électromagnétisme. Certains affirment pourtant que le champ statique dû à l'aimantation des fers à béton pourrait perturber le sommeil. Si l'on admet cette idée,

faut-il renoncer à des lois physiques bien vérifiées? Ou faut-il remettre en question le fait que les champs agissent en provoquant des courants induits et des échauffements.

Selon ce critère n°9, l'explication d'un trouble de la santé sera d'autant plus recevable qu'elle n'oblige pas à faire l'impasse sur des connaissances solidement établies.

Il faut souligner que ces neuf critères ne sont ni nécessaires ni suffisants pour affirmer ou rejeter définitivement une relation de cause à effet entre un certain facteur externe potentiellement nocif et une maladie donnée. Ils servent utilement de guide à l'appréciation d'une telle relation causale.

Pourquoi doute-t-on encore de la nocivité des champs?

D'aucuns s'étonnent de ce que la nocivité éventuelle des rayonnements non ionisants reste controversée, malgré les milliers d'études biologiques, toxicologiques et épidémiologiques déjà réalisées. Certains éléments de réponse n'auront pas pu échapper au lecteur attentif des chapitres précédents.

Tout d'abord, tout processus biologique peut être a priori considéré comme potentiellement menacé par la présence d'un champ électrique ou magnétique, avec à la clé l'apparition de toute une gamme d'affections possibles. Par ailleurs, on l'a vu, il existe une grande variété de champs (statiques, ondulatoires, modulés en amplitudes ou en fréquences par différents signaux, pulsés, impulsionnels…) Et pour la seule catégorie des champs ondulatoires, les fréquences s'étalent sur un vaste domaine allant de quelques oscillations par seconde à plusieurs centaines de milliards. Or chaque tranche de fréquences interagit d'une manière particulière avec la matière et de ce fait présente potentiellement une nocivité spécifique à l'égard des tissus vivants. En outre, lorsque les ondes servent à transmettre de l'information, on les module de différentes manières, engendrant éventuellement des effets nouveaux. Enfin, chacun de ces rayonnements peut exister à différentes niveaux d'intensité et présenter différentes modalités d'applications dans le temps (en permanence, par intermittence, avec des interruptions courtes ou longues, etc.)

On l'aura compris, la question à laquelle il s'agit de répondre n'est donc pas: *les champs sont-ils dangereux?* Mais bien: *À quel niveau d'intensité, pour quelle modalité d'exposition et sur quelle fraction de la population un champ d'un certain type, d'une certaine fréquence et modulé d'une certaine manière présente-t-il une nocivité significative d'une certaine nature?* Ce qui est un peu plus long à dire… et infiniment plus compliqué à élucider.

Dans le même registre, offrons-nous un petit détour du côté du tabac. La nicotine doit son nom à Jean Nicot (1530-1600) qui introduisit le tabac en

France en 1561. Or quatre siècles et demi plus tard, la recherche n'a pas fini de comprendre les mécanismes neurologiques qui induisent la dépendance au tabac, ou la relation entre le tabac et le diabète, par exemple. Sans parler du tabagisme passif dont on n'a quantifié que récemment les ravages qu'il provoque. À l'inverse, les champs électriques et magnétiques artificiels dans lesquels nous vivons ne sont apparus que depuis une centaine d'années, avec l'électrification de la société ; et même depuis beaucoup moins longtemps pour certains d'entre eux, comme par exemple les ondes de la téléphonie mobile. Rien d'étonnant, dès lors, à ce que l'on ne sache pas encore tout des éventuels dangers des rayonnements non ionisants.

Or une étude toxicologique ou épidémiologique porte en général sur la recherche d'un nombre très limité de pathologies (souvent même une seule), sous l'effet d'un seul type de champ, appliqué dans des conditions bien particulières. De même, une étude de type biologique cherche à valider ou éliminer une hypothèse spécifique sur la manière dont un rayonnement interagit avec les constituants élémentaires des organismes vivants. Et chacune de ces études nécessite la conception et la mise en œuvre d'un dispositif expérimental, la réalisation des expériences proprement dites, puis le traitement et l'analyse des résultats, le tout prenant le plus souvent de trois à cinq ans.

Par ailleurs, le nombre de laboratoires occupés à travailler sérieusement dans le domaine des effets pathologiques des champs électriques et magnétiques (quelques centaines dans le monde) reste très inférieur au nombre d'études que l'on pourrait imaginer réaliser (des milliers !), pour cerner valablement l'ensemble du problème. Face à un tel foisonnement de possibilités expérimentales, l'inventivité des scientifiques et la liberté dont ils disposent pour organiser leurs recherches présentent un effet pervers, d'ailleurs reconnu par la communauté scientifique elle-même.

En effet, la méthode scientifique prescrit qu'une expérience n'est validée que si, réalisée dans les mêmes conditions par plusieurs laboratoires indépendants, elle donne des résultats concordants. Or on constate souvent, en voulant comparer les résultats obtenus par différentes groupes de recherches, que les expériences différaient par quelques paramètres, de sorte que l'on ne peut même pas déterminer clairement si les résultats concordent ou se contredisent : soit les organes ou organismes soumis au champ n'étaient pas préparés exactement de la même manière ; ou les modalités d'application du champ différaient quelque peu ; ou la quantification des effets passait par des traitements mathématiques distincts et non directement comparables ; etc.

Notons en passant que cette difficulté de comparer entre elles les études n'est pas particulière aux risques liés aux rayonnements : les recherches récentes visant à évaluer les risques potentiels des nanotechnologies se heurtent exactement aux mêmes obstacles. L'élaboration de protocoles expérimentaux qui permettent de comparer valablement les résultats des études scientifiques constitue en elle-même une tâche supplémentaire à la charge des chercheurs.

On peut signaler à ce sujet les recommandations émises par le groupe de travail «*Aspects génétiques et cytogénétiques*» du projet COST 281[4] qui préconise que chaque étude soit réalisée au moins par trois laboratoires indépendants. Ce document précise par ailleurs un certain nombre de conditions à remplir pour que les résultats puissent valablement faire l'objet de comparaisons concluantes. D'ailleurs, le souci de rendre plus comparables les résultats obtenus un peu partout dans le monde a servi de fil conducteur à tout le projet COST 281, qui indique dans son rapport final: «*Une importante activité du projet COST 281 fut son effort pour accroître la qualité des recherches en radiofréquence et la comparabilité des données qui en résultent.*»[5]

Il n'en reste pas moins que, pendant que quelques centaines de laboratoires essaient laborieusement d'affiner leur méthodologie et de déterminer le seuil pathologique des rayonnements existants, plusieurs applications nouvelles arrivent sur le marché dans de nouvelles bandes de fréquences et en faisant usage de nouveaux types de modulations; autant de passionnants défis pour les chercheurs des siècles futurs!

4 Le sigle COST signifie *European Cooperation in the Field of Scientific and Technical Research*. Quant au projet COST 281, il concernait spécialement les effets possibles sur la santé dus aux systèmes de communication mobiles (*Potential Health Implications from Mobile Communication Systems*). Vingt-sept pays participèrent à ce projet entre 2001 et 2006.

5 «*An important activity of COST 281 was its effort to increase the quality of RF research and the comparability of the resulting data*», Rapport final (version préliminaire) du projet COST 281, p. 58.

Au jour le jour...

En 2007, des chercheurs italiens ont publié une analyse comparative des études parues durant les dix dernières années et relatives aux effets neurophysiologiques des rayonnements de la téléphonie mobile. Seules ont été prises en considération les recherches qui remplissaient des critères précis, tels que la description détaillée des modes opératoires, la procédure en double aveugle, un traitement approprié des biais statistiques, etc. Dans le cadre de cette analyse, les auteurs mirent en évidence différents problèmes récurrents :

1. Toutes les études examinées portaient sur les effets aigus des rayonnements, et non sur les effets chroniques.
2. Les études ne prenaient généralement pas en considération certaines astuces techniques du téléphone mobile, relatives à la modulation ou au réglage de la puissance du téléphone ; selon les auteurs, ces particularités pourraient remettre en cause la pertinence des recommandations internationales.
3. En toute rigueur, la comparaison des résultats s'avéra impossible, en raison des différences de méthodes et de protocoles expérimentaux utilisés. Finalement, 22 études concluaient à une modification de l'activité du cerveau sous l'effet de champs électromagnétiques, alors que 11 études ne trouvaient pas de tels effets.

Publié dans *Bioelectromagnetics*, vol. 28, n° 6, 2007.

4 D'OÙ VIENNENT LES RAYONNEMENTS ?

Après ces considérations sur les méthodes mises en œuvre pour évaluer la nocivité éventuelle d'un champ donné, il est temps d'établir le lien avec les champs réellement existants dans notre environnement moderne. Et en préambule, il convient d'examiner comment un dispositif quelconque rayonne du champ électrique ou du champ magnétique.

Le rayonnement d'un champ

Prenons l'exemple d'une ligne à haute tension de 120 kilovolts (kilovolt = mille volts). Il est bien clair que durant la construction de cette ligne, aucun volt n'y est injecté, de même que l'on n'envoie pas de l'eau dans une tuyauterie en cours de fabrication. Puis arrive le jour J : la ligne est achevée et l'exploitant décide de la *mettre sous tension*, tout comme on *met sous pression* les tuyaux d'eau lorsque tous les raccords sont effectués.

Que se passe-t-il alors ? Si l'étanchéité des tuyaux laisse à désirer, on aura une fuite : de l'eau s'écoule, sous forme de jet, en dehors du chemin qui lui était assigné. Et si l'isolement électrique de la ligne à haute tension n'est pas parfait, on a un court-circuit : de l'électricité s'échappe sous forme d'arc électrique, au lieu de suivre les conducteurs métalliques qui étaient censés la guider vers l'utilisateur. Fort heureusement, la compétence des installateurs nous épargne généralement ce genre de mésaventure.

Admettons donc que l'installation ne présente pas de défaut. La ligne électrique est portée à une tension de 120 kilovolts, comme prévu. Et notre tuyau contient désormais de l'eau à une pression de 2 atmosphères environ. Mais tant que personne n'ouvre un robinet, l'eau reste immobile dans le tuyau : la conduite est sous pression, mais le débit est nul. De même, tant que personne n'enclenche un appareil électrique, la ligne est bien sous tension, mais le courant y est nul.

À ce stade pourtant, une première différence apparaît : impossible en effet de savoir si une conduite d'eau est sous pression, sans aller y faire un petit trou quelque part. En revanche, la ligne électrique trahit sa mise sous tension par le *champ électrique* qu'elle rayonne tout autour d'elle. Ce champ représente la manière dont la tension (en volts) rayonne sur une certaine distance (en mètres) autour de la ligne. C'est la raison pour laquelle le champ électrique s'exprime en volts par mètre (V/m).

Dès qu'un robinet est ouvert, l'eau se met en mouvement dans le tuyau et on a alors un certain débit : c'est le nombre de litres qui s'écoulent à la minute (L/min). De même, dès qu'un utilisateur enclenche un appareil électrique, l'électricité commence à circuler dans la ligne. Comme la quantité d'électricité ne se mesure pas en litres, mais en coulombs, on enregistre donc un certain nombre de coulombs qui circulent par seconde (Cb/s) (plutôt que par minute, car l'électricité va plus vite que l'eau, c'est bien connu !)

Or, en hydraulique, il semble qu'aucun scientifique ou ingénieur ne se soit montré digne de donner son nom à l'unité du débit, de sorte que l'on continue à exprimer simplement cette grandeur en litres par minute. En revanche, en électricité, les coulombs par seconde sont remplacés par des ampères : un courant de 1 ampère équivaut à un courant de 1 coulomb par seconde. Malgré tout le respect que nous lui devons, nous pourrons donc oublier Charles Augustin de Coulomb (1736-1806) et honorer dignement la mémoire d'André-Marie Ampère (1775-1836).

Et là encore, notre ligne électrique se distingue du tuyau qui lui sert d'analogie. Pour mesurer le débit fourni par ce dernier, il faut se rendre à son extrémité, placer sous le robinet un récipient gradué en litres, et cela durant une minute. Ou alors scier le tuyau quelque part et y insérer un compteur d'eau. À l'inverse, le courant électrique circulant dans la ligne va immédiatement trahir sa présence par l'émission d'un *champ magnétique* tout autour de la ligne. Ce champ représente la manière dont le courant (en ampères) rayonne sur une certaine distance (en mètres) autour de la ligne. C'est la raison pour laquelle le champ magnétique s'exprime en ampères par mètre (A/m).

Pour compléter le tableau, et comme cela a déjà été mentionné, un champ électrique variable engendre automatiquement un champ magnétique et vice versa. Ce phénomène reste marginal pour des champs qui varient lentement (basse fréquence). Ainsi, à basse fréquence, il s'avère généralement justifié de parler indépendamment de *champ électrique* et de *champ magnétique*. En revanche, à haute fréquence, les champs électriques et magnétiques s'entretiennent mutuellement du fait de leurs rapides oscillations ; dans ce cas, il convient donc de parler de *champ électromagnétique*.

Une fois établis ces fondements physiques et terminologiques au sujet du rayonnement des champs électriques, magnétiques et électromagnétiques, nous pouvons passer en revue les différents types de champs auxquels sont soumis le *public* et les *travailleurs*, dans les sociétés industrielles et communicationnelles de ce début du 21e siècle.

Notons en passant que le *public* et les *travailleurs* forment toujours deux catégories distinctes, en matière de protection contre les nuisances, quelle qu'en soit la nature. Pour le public, qui ne demande qu'à vivre en sécurité et de la manière la moins contraignante possible, les limites légales relatives à la protection de la santé sont relativement sévères. De leur côté, les travailleurs constituent un groupe plus résistant aux nuisances, dans la mesure où ils ne comportent ni enfants ni vieillards. En outre, du fait du revenu qu'ils tirent de leur activité, ils sont amenés à prendre plus de risques, tout en étant naturellement formés pour y faire face, et quitte à se voir affublés durant une partie du temps de travail de certains équipements de protection individuels (casque, lunettes, masque de protection, tablier antiradiation, etc.), que nul n'accepterait de devoir porter régulièrement à titre privé. Ainsi, en matière de champs électriques ou magnétiques, les limites légales en zone résidentielle sont de 2 à 6 fois plus basses que celles qui s'appliquent dans un environnement professionnel.

Ci-après, nous examinerons les principales sources de rayonnement non ionisant auxquelles le public peut se trouver exposé, en mentionnant parfois les travailleurs concernés. En revanche, nous ne parlerons qu'occasionnellement de champs spécifiques à certaines professions et qui ne concernent pas directement le public. Chaque type de champ sera introduit par le système qui l'engendre, puis décrit du point de vue des paramètres qui lui sont propres. Cette description sera complétée par les connaissances actuelles en matière de nocivité. L'ordre adopté correspond approximativement à celui des fréquences croissantes.

Les orages

Par temps d'orage, le champ électrique à la surface de la Terre atteint plusieurs milliers de volts par mètre, avant qu'un éclair ne vienne rééquilibrer les charges électriques qui provoquaient ce champ. Il se trouve peu de situations dans lesquelles l'être humain doive subir des intensités de champ électrique statique plus élevées. Cela arrive peut-être à proximité de certaines surfaces synthétiques qui se chargent d'électricité statique, comme certains revêtement de sol (moquettes, plaques de résine synthétique...).

Les champs électriques statiques, mesurés à l'aide du « moulin à champ » (fig. 4.1), agissent sur les poils et les cheveux, qui se dressent et se repoussent les uns les autres. Les animaux comme les chats, qui utilisent leur moustache pour explorer leur environnement, peuvent se trouver désorientés en présence d'un tel champ. Pour l'être humain, la sensation peut

Limite recommandée pour le champ électrostatique : aucune.

Fig. 4.1 « Moulin à champ » utilisé pour la mesure des champs électriques statiques.

devenir désagréable aux alentours de 25 000 V/m, une valeur inexistante dans la vie quotidienne. De fait, aucun effet pathologique avéré n'a été trouvé jusqu'à présent dans des conditions d'exposition réalistes.

Fer à béton et mobilier métallique

Si nous mentionnons ces sources de champ, c'est moins pour le danger qu'elles présenteraient qu'en raison des effets visibles qu'elles produisent et des inquiétudes qui en résultent parfois. L'avènement des écrans plats, tant pour l'informatique qu'en télévision, devrait d'ailleurs y mette un terme.

En revanche, les écrans cathodiques sont relativement sensibles aux champs statiques qui y produisent des changements de couleurs et des espèces d'« arc-en-ciel », de nature à inquiéter l'utilisateur. Des mesures faites au gaussmètre (fig. 4.2) ont montré que ces champs proviennent soit des fers à bétons présents dans les murs, soit de certaines pièces métalliques du mobilier, comme par exemple les pieds en acier d'un bureau.

L'origine de l'aimantation de ces objets n'est pas très claire. Il se pourrait qu'elle provienne du champ magnétique qui régnait à l'endroit où ils ont été fabriqués. En effet, lorsque de l'acier fondu se solidifie, il emprisonne en quelque sorte le champ magnétique existant. Or l'acier est souvent fondu dans des fours électriques à arc, alimentés par des courants continus intenses, qui génèrent un fort champ magnétique statique. Une autre possibilité serait que ces objets, en particulier les fers à béton, soient manipulés à l'aide de gros aimants qui leur communiqueraient ainsi une certaine aimantation.

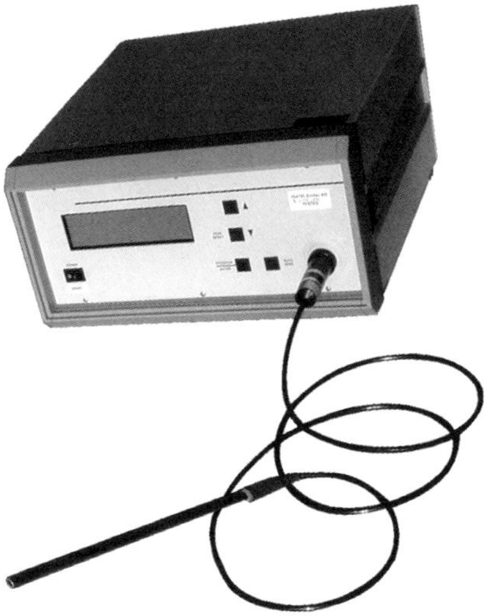

Fig. 4.2 Dispositif de mesure des champs magnétiques statiques.

Quoi qu'il en soit, l'expérience montre que les champs magnétiques résultants peuvent atteindre quelque 200 A/m à quelques centimètres d'un mur en béton ou à proximité d'un meuble métallique. Cette valeur suffit à produire les effets de couleurs observés sur les écrans cathodiques, mais elle reste très éloignée de la valeur limite recommandée pour la santé humaine. L'idée selon laquelle « si mon écran est perturbé, c'est peut-être dangereux pour moi aussi » ne se justifie donc pas.

Limite recommandée pour le champ magnétostatique: 32 000 A/m pour le public; 163 000 A/m pour les travailleurs.

Les transports à courant continu

Les trams, les métros et les trolleybus, ainsi que les trains des compagnies régionales, fonctionnent souvent en courant continu, produisant ainsi des champs magnétiques statiques. Dans certains pays européens (Irlande, Italie, Pays-Bas...), le réseau national de chemin de fer est également alimenté en courant continu. Deux catégories de public sont concernées par ces champs: d'une part les personnes qui vivent ou travaillent à proximité de la ligne et d'autre part les voyageurs. Pour ce qui est des travailleurs, le problème concerne évidemment les employés des gares, les conducteurs de locomotives et le personnel d'accompagnement.

En ce qui concerne les personnes séjournant à proximité des lignes, le champ magnétique y est toujours très faible en comparaison des limites légales. En effet, on a vu que, selon les connaissances scientifiques admises actuellement, un champ statique n'induit pas de courant dans le corps et, de ce fait, n'agit sur le corps humain qu'à des intensités bien plus élevées que celles qu'engendre un champ oscillant. Il existe toutefois des configurations très particulières qui peuvent nécessiter un examen détaillé. C'est le cas lorsqu'un train alimenté en courant continu passe dans un tunnel et que des habitations ou des locaux d'usage public sont aménagés immédiatement au-dessus du tunnel.

Pour les voyageurs, la situation se présente différemment. Il convient tout d'abord de distinguer les trolleybus, alimentés à travers deux fils, des autres moyens de transport ne comportant qu'un seul fil d'alimentation. Dans les trolleybus, le courant arrive par l'un des fils et repart en sens inverse dans l'autre fil. Les deux courants de sens opposés produisent des champs qui se compensent en grande partie à l'intérieur du véhicule, de sorte que le champ résultant y est très faible.

En revanche, dans les systèmes à un seul fil, le courant arrive par ce fil et retourne à la station d'alimentation par le rail et par la terre. De ce fait, le voyageur se trouve placé en plein milieu de la « boucle » formée par l'aller et le retour du courant. Cependant, on notera que la construction du wagon en acier procure une certaine atténuation du champ magnétique à l'intérieur.

Des mesures réalisées dans différents véhicules de transport public ont conduit à des valeurs toujours inférieures aux limites recommandées. On y trouve entre autres un champ magnétique statique de l'ordre de 50 A/m mesuré dans des métros et des trains de banlieue en Angleterre[1]. (Rappelons que le champ magnétique terrestre, lui aussi statique, atteint environ 40 A/m au centre de l'Europe.) Les valeurs les plus élevées, mesurées dans le métro de Londres, atteignaient 12 000 A/m, soit moins de la moitié de la limite recommandée.

Les trains à lévitation magnétique (MagLev) – dont le plus célèbre est sans doute celui qui relie la ville de Shanghai à son aéroport – « flottent » littéralement sur un champ magnétique statique très intense. La lévitation et le guidage de tels trains nécessitent un champ statique superposé à un champ ondulatoire à basse fréquence (inférieur à 100 hertz).

À l'intérieur de ces trains, au niveau des passagers, des valeurs de champ magnétique statiques atteignant 40 000 A/m ont été signalées en 1994, dépas-

1 Roger SANTINI, Jean-Marie DANZE, Marius SEIGNE, Benoît LOUPPE, *Guide pratique européen des pollutions électromagnétiques*, Embourg, 1996, p. 25.

sant ainsi la limite recommandée[2]. Actuellement, le champ magnétique statique semble avoir été ramené à des valeurs de l'ordre de 1500 A/m, alors que les champs alternatifs sont environ 10 fois plus faibles.

Enfin, il faut signaler que certains, en l'absence de courants induits par un champ statique, ont imaginé un éventuel effet nocif lié au *gradient du champ*. On appelle *gradient*, la différence d'intensité que présente le champ magnétique entre un point et un autre du corps. En effet, d'une manière générale, un champ diminue d'intensité au fur et à mesure que l'on s'éloigne de sa source; il n'est donc pas *uniforme* dans l'espace.

Ainsi, lorsqu'une partie du corps se trouve plus proche de la source qu'une autre partie, le corps entier se trouve soumis à un gradient de champ. Or, dans un gradient de champ, les objets constitués de matériaux magnétiques subissent une force qui peut les mettre en mouvement. Toutefois, nous ne savons pas actuellement si un tel mécanisme pourrait jouer un rôle à l'échelon des organes du corps et conduire à un effet pathologique.

Au jour le jour...

Des chercheurs japonais ont appliqué un gradient de champ statique sur des cellules endothéliales tubulaires, afin de comparer l'effet d'un gradient avec celui d'un champ uniforme. (Ces cellules participent à l'angiogénèse, soit l'extension d'un réseau sanguin capillaire.)

Résultats: le gradient de champ augmentait significativement le développement des cellules tubulaires, tant du point de vue de leur nombre que de celui de la longueur des tubes.

Publié dans *Bioelectromagnetics*, vol. 29, n° 3, 2008.

Les chemins de fer nationaux

Cinq pays européens (l'Allemagne, l'Autriche, la Norvège, la Suède et la Suisse) alimentent leurs réseaux nationaux de chemin de fer en courant alternatif à la fréquence de 16⅔ hertz (le tiers de 50 hertz). Ce choix technique, adopté au début du 20e siècle, convenait bien aux moteurs de cette époque et n'a plus changé

Limite recommandée pour le champ électrique à 16⅔ hertz: 10 000 V/m pour le public; 20 000 V/m pour les travailleurs.

---

2 Magda HAVAS, « Biological Effects of Low Frequency Electromagnetic Fields », dans : D. Clements-Croome, *Electromagnetic Environments and Health in Buildings*. Londres, 2004, p. 213.

depuis lors. De ce fait, on trouve des champs électriques et magnétiques de cette fréquence particulière, à proximité des lignes et dans les wagons. Notons que le champ électrique ne semble émouvoir personne du fait qu'il reste très faible, qu'il décroît très rapidement lorsqu'on s'éloigne de l'axe de la ligne et qu'à l'intérieur du wagon, il est pratiquement totalement écranté par ses parois métalliques.

Limite recommandée pour le champ magnétique à 16⅔ hertz : 240 A/m pour le public ; 1200 A/m pour les travailleurs.

Quant au champ magnétique, il décroît lui aussi très rapidement lorsqu'on s'éloigne de l'axe de la ligne. En 2000, nous avons dû réaliser des mesures de champ magnétique dans des bureaux situés à une vingtaine de mètres d'une ligne de chemin de fer, approximativement à la hauteur de la ligne caténaire. Le champ était au maximum de 2 A/m, ce qui suffit à produire une oscillation désagréable sur l'affichage des écrans cathodiques des ordinateurs, mais reste pourtant très inférieur à la limite recommandée en matière de santé humaine.

De même, des mesures ont été réalisées sur la ligne de chemin de fer entre Lucerne et Bâle, sur une période de 24 heures, à 10 mètres de la ligne[3]. Les valeurs enregistrées atteignaient des pointes de courtes durées à 2 A/m et restaient la plupart du temps inférieures à la moitié de cette valeur. À l'intérieur des wagons, le champ magnétique était de l'ordre de 3 A/m, dus pour moitié à la climatisation. En effet, dans les wagons non climatisés, l'intensité du champ se révèle deux fois plus faible.

De la même manière que pour les transports urbains à un seul fil, il était initialement prévu que le courant alimentant les locomotives retourne aux sous-stations d'alimentation par le rail. Ce système présente deux inconvénients :

1. Comme les rails ne sont pas isolés du sol, une partie du courant file dans la terre et retourne à la sous-station en suivant un chemin assez imprévisible ; d'où le nom de *courant vagabond* dont il est affublé. Or ces courants vagabonds peuvent causer différentes perturbations le long de leur parcours.

2. La ligne d'alimentation et le rail qui sert de retour forment une boucle produisant un champ magnétique relativement intense à l'intérieur des wagons.

Ces deux effets peuvent être minimisés, si l'on ajoute un simple fil conducteur reliant les uns aux autres les pylônes qui soutiennent la caténaire, offrant

[3] Office fédéral de l'environnement, des forêts et du paysage (Suisse), *Electrosmog in the Environment*, 2005, p. 35.

ainsi au courant un nouveau chemin de retour à la sous-station. Dès lors, une partie du courant qui s'échapperait dans la terre remonte en réalité le long des pylônes et suit ce conducteur additionnel. Placé sensiblement à la même hauteur que la ligne caténaire, et parcouru par un courant en sens inverse, il procure un effet significatif de compensation du champ magnétique, tout en réduisant l'intensité des courants vagabonds.

Pour les pays qui utilisent une alimentation des trains à 50 hertz, la question se ramène à celle des champs rayonnés par le réseau électrique en général.

Le réseau électrique

Les réseaux de transport et de distribution de l'électricité, en particulier les lignes électriques et les transformateurs (qui élèvent ou abaissent la tension), constituent en eux-mêmes des sources de rayonnement non ionisant ; à quoi viennent s'ajouter localement les champs produits par les conducteurs internes des logements et tous les appareils qui y sont branchés. En Europe, la fréquence adoptée dans les réseaux électriques est de 50 hertz alors qu'aux États-Unis et au Japon, elle est de 60 hertz (ce qui ne change pas grand-chose en termes d'effets biologiques).

L'élévation de tension permet de réduire le coût du transport d'électricité, ainsi que les pertes d'énergie. Ces dernières sont proportionnelles à la fois à la tension (qui engendre le champ électrique) et au courant (qui engendre le champ magnétique). Ainsi, une tension plus basse impliquerait d'utiliser un courant plus élevé (pour transporter la même énergie), et par conséquent un champ magnétique plus intense.

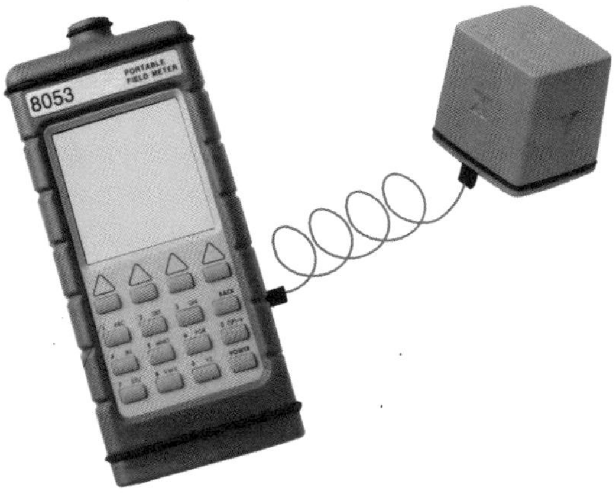

Fig. 4.3 Système de mesure des champs électriques et magnétiques à basse fréquence, en particulier à 50 Hz.

La tête de mesure de l'appareil illustré ci-dessus (fig. 4.3) permet de mesurer aussi bien le champ électrique que le champ magnétique. À proximité d'une installation engendrant des rayonnements à basse fréquence, il importe de réaliser successivement ces deux mesures, car les deux champs sont indépendants l'un de l'autre. On parle alors de *champ proche*, pour désigner cette situation où, à courte distance de la source, les champs électrique et magnétique ne sont pas couplés. On verra plus loin ce qu'il faut entendre par *courte distance.*

L'électroménager

Limite recommandée pour le champ électrique à 50 hertz : 5000 V/m pour le public ; 10 000 V/m pour les travailleurs.

Limite recommandée pour le champ magnétique à 50 hertz : 80 A/m pour le public ; 400 A/m pour les travailleurs.

Les appareils ménagers produisent, à une distance de 30 cm, des champs électriques inférieurs à 150 V/m. Quant au champ magnétique, il est généralement inférieur à 1 A/m. Toutefois, quelques modèles de certains appareils dépassent cette valeur ; c'est le cas du lave-vaisselle (3 A/m), du radiateur électrique (4 A/m), de l'aspirateur (15 A/m) ou encore de l'ouvre-boîte électrique (25 A/m). Précisons que les valeurs données ici sont des maxima mesurés sur certains modèles (ou certaines marques) de chaque type d'appareil. Les chauffages électriques par le sol se révèlent aussi plus ou moins bien conçus à cet égard : les valeurs de champ magnétique mesurées à 30 cm vont d'environ 0,1 A/m pour les meilleurs à 6 A/m pour les moins bons.

Par ailleurs, certains appareils sont utilisés à courte distance du corps. C'est ainsi que l'on a mesuré à une distance de 3 cm, un champ magnétique maximal de 25 A/m pour certaines couvertures chauffantes, et même des champs allant jusqu'à 1200 A/m pour un rasoir et 1600 A/m pour un sèche-cheveux. Ces dernières valeurs dépassent les limites recommandées et ne devraient pas être autorisées ; d'autant plus que la plupart des modèles de ces mêmes appareils rayonnent des champs 10 fois ou 100 fois plus faibles, ce qui prouve que des champs élevés ne sont nullement indispensables à leur fonctionnement.

Les lignes à haute tension

Toujours à cette fréquence de 50 hertz, les lignes à haute tension ont suscité passablement de débats, et même quelques oppositions féroces. Le champ électrique sous une telle ligne ne dépasse qu'exceptionnellement la limite des

5000 V/m, sous des lignes à très haute tension. Ce champ y est permanent (tant que la ligne n'est pas mise hors service), mais il est atténué dans les logements, par toutes les parties métalliques de la construction, principalement le ferraillage du béton armé. Cette atténuation n'existe évidemment pas dans un chalet en bois, par exemple.

Le champ magnétique, quant à lui, ne dépasse pas 25 A/m sous la ligne et tombe au dixième de cette valeur si l'on s'éloigne de 40 mètres. En outre, ces valeurs sont atteintes uniquement lorsque la ligne transporte son maximum de courant; pendant la nuit, le courant consommé est bien plus faible, et il en va donc de même du champ magnétique. En revanche, les éléments de construction des maisons ne procurent généralement pas d'atténuation sensible du champ magnétique.

Plusieurs études réalisées depuis une trentaine d'années se sont intéressées aux travailleurs employés dans les entreprises électriques et dans les réseaux ferroviaires, du point de vue du niveau d'exposition aux champs à 50 hertz. Selon un rapport de 2007 publié par l'OMS, des professionnels de ce secteur sont parfois exposés à des champs dépassant les limites recommandées pour les travailleurs. En effet, certains d'entre eux subissent des champs électriques allant jusqu'à 30 000 V/m (3 fois supérieur à la limite) et des champs magnétiques de l'ordre de 12 000 A/m (30 fois trop élevé).

Ces valeurs sont exceptionnelles. Toutefois, une étude réalisée en Finlande enregistrait des champs magnétiques allant jusqu'à 4800 A/m pour les conducteurs de locomotive (12 fois supérieur à la recommandation) et 230 A/m pour les passagers (2,3 fois supérieur à la recommandation)[4].

La leucémie infantile

Qu'en est-il des effets des champs à 50 hertz (ou 60 hertz) sur la santé ? Jusqu'en 1974, cette question n'intéressait pratiquement personne. Cette année-là toutefois, une épidémiologiste de Denver dans le Colorado (USA), Nancy Wertheimer, qui se préoccupait des leucémies infantiles, se demanda où pouvait bien se cacher la cause de ce mal frappant apparemment au hasard. Dans un premier temps, ses tentatives pour trouver une corrélation avec la présence de routes ou d'usines, les matériaux présents dans le logement, etc. ne donnèrent rien.

Un jour, se promenant dans la banlieue de Denver, elle remarqua un transformateur de distribution, avec tous les fils électriques passant à proximité

4 A. M. Hamalainen *et al.*, « Exposure to Magnetic Fields at Work and Public Areas at the Finnish Railways », dans : *Proceedings of the Second World Congress for Electricity and Magnetism in Medicine and Biology*, Bologna, Italy, 1999, pp. 785-787.

d'une rangée de maisons. Lui vint alors à l'esprit que la présence de ces installations pourrait éventuellement jouer un rôle dans les leucémies infantiles. Nancy Wertheimer s'associa alors au physicien Ed Leeper, et les deux chercheurs entreprirent, à leur frais, une étude épidémiologique de type cas-témoins, sur plusieurs centaines de cas d'enfants atteints de leucémies, comparés à un nombre équivalent d'enfants non atteints.

Tous les enfants furent répartis entre ceux qui avaient habité en permanence au même endroit et ceux qui avaient déménagé ; puis les logements ont été classés en deux principales catégories : les « fortement exposés au champ magnétique » et « faiblement exposés au champ magnétique ». À titre d'exemple, voici les résultats obtenus pour les enfants qui n'avaient pas déménagé, sous forme d'un tableau semblable à celui de la page 56.

Tableau 4.1 Résultats de Wertheimer et Leeper, pour les enfants n'ayant pas déménagé[5].

Enfants	Champ magnétique élevé	Champ magnétique faible	Total
Atteints de leucémie	48	61	109
Non atteints de leucémie	26	102	128
Total	74	163	237

Contrairement au cas fictif présenté dans le tableau 3.5, la corrélation est ici significative entre l'exposition au champ et l'apparition d'une leucémie (avec une probabilité inférieure à 1 chance sur 1000 pour qu'une telle distribution résulte du hasard). Les deux scientifiques publièrent l'ensemble de ce travail, dans la prestigieuse revue : *American Journal of Epidemiology*, en mars 1979. Sans doute ignoraient-ils alors que leurs conclusions allaient déclencher une agitation comme on n'en rencontre que quelques-unes par siècle dans le monde scientifique.

De nombreuses critiques remirent en question ce résultat, non seulement parce qu'il dérangeait les exploitants des réseaux électriques mais aussi parce que la méthode choisie souffrait indiscutablement de certains défauts. En particulier, les auteurs ne mesurèrent généralement pas les champs auxquels les personnes concernées étaient exposées. Au lieu de cela, ils attribuèrent un coefficient d'exposition (*wiring code*) à chaque type de logement, selon la distance à laquelle il se trouvait de diverses catégories d'installations électriques.

D'autres choix méthodologiques prêtèrent le flanc à la critique, ce qui n'a rien d'extraordinaire en sciences : lorsqu'on s'attaque à un sujet aussi

[5] Nancy WERTHEIMER, Ed LEEPER, « Electrical Wiring Configurations and Childhood Cancer », dans : *American Journal of Epidemiology*, vol. 109, n° 3, 1979, pp. 273-284.

complexe, les premières études ne sont jamais parfaites d'emblée. Il n'en demeure pas moins qu'un problème bien réel se posait, qui méritait l'attention des chercheurs. De fait, plusieurs études épidémiologiques ont, par la suite, cherché à améliorer la méthode, en particulier la définition du *wiring code*.

Au jour le jour...

En 2007, des chercheurs finlandais ont procédé à des mesures détaillées de champs magnétiques, dans des appartements d'immeubles où était installé, en sous-sol, un transformateur de distribution (transformateur qui alimente un quartier en électricité). Trois types d'appartements ont été distingués : ceux qui se trouvent immédiatement au-dessus du transformateur (au rez-de-chaussée), ceux du premier étage et ceux des étages supérieurs.

Résultats : des mesures effectuées dans les différentes pièces (salon, cuisine, salle de bain...) montrent que la moyenne journalière du champ magnétique diffère clairement d'un type d'appartement à l'autre. Cette constatation pourrait servir de base à une étude épidémiologique, visant à déterminer l'impact sur la santé des champs magnétiques à 50 hertz.

Publié dans *Bioelectromagnetics*, vol. 29, n° 3, 2008.

D'autres chercheurs ont développé des petits dosimètres portatifs, appareils permettant de mesurer l'exposition réelle d'une personne et ses variations au cours du temps. Mais là encore, un doute subsiste quant à la variable pertinente à prendre en compte. Souvent, les études considèrent le champ magnétique moyen au cours d'une journée, qui est généralement inférieur à 0,3 A/m. En effet, même si le champ auquel une personne se trouve exposée est relativement élevé lorsqu'elle passe à côté d'une cuisinière électrique, par exemple, ce moment ne dure pas, de sorte que la moyenne journalière reste faible.

Est-ce bien cette moyenne journalière qui joue un rôle déterminant ? Ne faudrait-il pas plutôt s'inquiéter du champ maximal, subi durant quelques minutes seulement, mais d'une intensité élevée ? Ou des variations plus ou moins rapides de l'intensité du champ, plutôt que du champ lui-même ? Ou encore des différences que peut présenter le champ entre une partie du corps et une autre ? En effet, les champs ne sont pas uniformes : leur intensité décroît avec la distance à la source. Ainsi, la couverture chauffante ne crée pas seulement un champ magnétique, mais aussi un *gradient de champ* : une différence de champ entre les deux faces du corps.

Intensité momentanée du champ ou valeur moyenne sur une journée? Variations au cours temps? Différence d'un point à l'autre du corps? Autre paramètre? Cela nous ramène à cette constatation: tant que l'on ne connaît pas le mécanisme biologique par lequel un champ agit sur les tissus vivants, il est impossible de savoir quelle variable mérite notre attention; et par voie de conséquence, impossible de prendre les mesures de prévention appropriées.

C'est dire que l'argument, souvent entendu, selon lequel le risque lié au réseau électrique est faible parce qu'un champ magnétique moyen de plus de 0,3 A/m ne concerne de toute manière que 0,4% de la population ne saurait suffire à régler la question: non seulement parce tout le monde n'est pas disposé à passer par pertes et profits 0,4% de la population, mais surtout parce qu'il n'est pas certain que le champ moyen soit la grandeur pertinente. On notera d'ailleurs que les recommandations internationales portent sur la valeur momentanée du champ à ne pas dépasser, et qu'il n'y est nulle part question de moyenne journalière. Cela dit, un mauvais argument contre l'existence d'un risque ne saurait constituer en lui-même la preuve que le risque existe.

Près de 30 ans après la publication de Wertheimer et Leeper, les études consacrées à l'effet possible des rayonnements à basse fréquence sur la leucémie infantile se comptent par centaines, mais la relation causale entre les deux reste incertaine: elle n'est ni exclue, ni prouvée, au sens scientifique du terme, n'en déplaise aux uns et aux autres.

Degré d'évidence

Des nombreuses incertitudes entachent toujours les résultats de telles études. De ce fait, l'IARC (*International Agency for Research on Cancer*) a par exemple été amenée à classer les effets cancérogènes en cinq groupes, selon le degré d'évidence que procurent les études disponibles:

- les agents *cancérogènes* (groupe 1);
- les agents *probablement cancérogènes* (groupe 2A);
- les agents *peut-être cancérogènes* (groupe 2B);
- les agents *inclassables quant à leur cancérogénicité* (groupe 3);
- les agents *probablement non cancérogènes* (groupe 4).

Les champs électriques et magnétiques dus au réseau électrique sont admis par l'IARC dans le groupe 2B.

À la suite de méta-analyses réalisées ces dernières années sur toute une série d'études, il est (provisoirement) admis qu'une exposition à un champ magnétique de 50 hertz, dont la moyenne journalière excède 0,3 A/m, pourrait augmenter le risque de leucémie infantile d'un facteur 1,5 à 2. Mais avant de vilipender les lignes à haute tension, il convient de se souvenir que ces derniè-

Au jour le jour...

En 1992, le NIEHS (*National Institute of Environmental Health Sciences*, USA) a entrepris une étude sur l'éventuel déclenchement de cancers par les rayonnements du réseau électrique. Le projet a duré 5 ans et a coûté 44,6 millions de dollars.

Résultat: une relation entre les champs rayonnés par le réseau électrique et l'apparition de cancers n'a été jugée ni certaine, ni probable, mais seulement possible.

Rapport du NIEHS, publié en mai 1999.

res contribuent généralement moins au rayonnement, à l'intérieur d'un logement, que la multitude d'appareils électroménagers qui encombrent notre vie quotidienne et qui, bien souvent, restent inutilement branchés ou enclenchés en mode *stand-by*, ajoutant ainsi le gaspillage d'énergie à la surexposition aux rayonnements.

Que faire, face à l'existence d'un risque potentiel qui persiste à défier la sagacité des scientifiques? Beaucoup considèrent, non sans raison, qu'il conviendrait de prendre des mesures plus sévères pour limiter l'exposition des enfants aux rayonnements du réseau électrique. Interdire la construction de maisons près des lignes à haute tension et des transformateurs, blinder les fils électriques dans les logements, imposer des normes de rayonnement aux appareils électroménagers... Techniquement, tout est possible, à condition d'y mettre le prix. Politiquement, pour ce qui est des appareils, c'est une autre affaire: l'électroménager est très souvent produit dans un pays et vendu dans un autre. Or les règles de l'Organisation mondiale du commerce (OMC) interdisent toute restriction aux exportations, pour des motifs sanitaires qui ne sont pas prouvés scientifiquement.

Tumeurs diverses

De multiples études ont cherché à mettre en évidence un lien éventuel entre les rayonnements à basse fréquence et toutes sortes de tumeurs, bénignes ou malignes.

Pour ce qui est des cancers, notons tout d'abord que le développement d'une telle tumeur débute par une altération du patrimoine génétique de certaines cellules, autrement dit de la molécule d'ADN. Ces cellules peuvent ensuite se reproduire de manière anormale et engendrer une tumeur. Or une telle modification de la molécule d'ADN nécessite une énergie quantifiable et mesurable. Pour qu'un rayonnement puisse altérer l'ADN, il faut donc qu'il puisse communiquer à cette molécule une énergie suffisante.

Une évaluation sommaire de ces énergies montre que les courants induits dans le corps par les champs à basse fréquence du réseau électrique ne peuvent fournir plus d'un millionième de millionième de l'énergie nécessaire à l'altération de l'ADN, du fait que cette molécule, par sa petite taille, n'intercepte évidemment qu'une minuscule fraction de l'énergie avoisinante[6]. Cette constatation rend assez peu plausible le risque de cancer induit par des champs à basse fréquence, sous réserve qu'un mécanisme de transfert d'énergie du rayonnement vers à l'ADN, particulièrement efficace à l'échelle microscopique, soit mis en évidence.

Les résultats des études, tant toxicologiques qu'épidémiologiques, restent pourtant contradictoires à ce sujet. Alors que beaucoup ne trouvent aucun effet pathologique des champs à basse fréquence, d'autres concluent en sens inverse. On peut par exemple mentionner une étude de 2005 qui visait à établir un lien entre certaines tumeurs du cerveau et le rayonnement des appareils électroménagers les plus courants[7]. L'utilisation plus ou moins fréquente des appareils était évaluée par un questionnaire auquel les participants devaient répondre. L'auteur a cherché à prendre en considération tous les facteurs de confusion, susceptibles d'introduire des biais dans ses résultats. Il a donc ajusté ces derniers pour tenir compte des différences d'âge entre les groupes, et aussi des différences de sexe, de revenu, de race, d'habitat, ainsi que des différences relatives à la date de l'expérience, et même au fait que la personne avait rempli seule son questionnaire ou au contraire avec l'aide de ses proches.

Or cette étude conclut à un risque significatif pour les utilisateurs de sèche-cheveux et de rasoirs électriques. À première vue, ce résultat peut paraître plausible dans la mesure où l'on tient ces appareils très près de la tête et que, à cette distance, le champ magnétique est relativement élevé. De plus, le nombre de méningiomes (tumeur bénigne ou parfois maligne, se développant à partir des méninges et de la moelle épinière) augmentait significativement en fonction du nombre d'années d'utilisation d'un rasoir. Pourtant là encore, il reste difficile d'imaginer un processus biologique susceptible d'induire un tel effet; et à moins de croire à la sorcellerie, on ne saurait considérer comme certain un résultat encore biologiquement inexpliqué.

Mis à part les rasoirs et les sèche-cheveux, aucun effet significatif n'a été mis en évidence pour douze autres types d'appareils, dans le cadre de l'étude en question.

---

6 André AURENGO, *Effets sur la santé des champs électromagnétiques basse fréquence* (2003), disponible sur Internet: www.cnebmn.jussieu.fr/.

7 R. A. KLEINERMAN *et al.*, « Self-reported Electrical Appliance Use and Risk of Adult Brain Tumors », dans: *American Journal Epidemiology*, vol. 161, n° 2, 2005, pp. 136-146.

La mélatonine

Cette hormone, produite par la glande pinéale (située quelque part sous le cerveau), a fait une entrée remarquée dans le domaine des rayonnements électromagnétiques en raison de deux rôles qu'elle joue : dans la régulation du sommeil et pour son effet cancérostatique (qui empêche la prolifération des cellules cancéreuses) sur les cancers du sein. Différentes expériences ont conduit à relier ces effets aux champs électriques et magnétiques provenant du réseau électrique.

En 1981, des chercheurs américains publièrent une étude indiquant que, chez des rats soumis à un champ électrique permanent de 65 000 V/m durant 30 jours, la production nocturne de mélatonine, qui favorise l'endormissement, était significativement réduite[8]. On notera en passant qu'un champ de 65 000 V/m n'existe sous aucune ligne à haute tension : il serait 13 fois supérieur à la limite recommandée qui n'est elle-même quasiment jamais atteinte en pratique. Néanmoins la question méritait d'être approfondie.

Puis, en 1993, une équipe japonaise infligea à des rats un champ magnétique, cette fois, de 0,8 A/m durant 6 semaines et constata également une réduction significative de la production de mélatonine[9].

Or parallèlement à cela, les troubles du sommeil ont souvent été attribués, par celles et ceux qui en souffrent, à la proximité d'une ligne à haute tension. Mais surtout, une équipe de chercheurs de Caroline du Nord publia en 1994 une étude épidémiologique de type cas-témoin, comparant des femmes décédées de cancer du sein à d'autres femmes décédées de maladies différentes. L'étude comparait des femmes ayant travaillé dans des entreprises électriques à des femmes employées dans d'autres domaines d'activités[10]. Les auteurs concluaient à une augmentation significative de la mortalité par cancer du sein, pour cinq fonctions particulières (femmes ayant eu une fonction d'ingénieur, d'installatrice, etc.), sur les douze fonctions sélectionnées dans les entreprises électriques.

Ainsi prit naissance ce qui est désormais connu sous le nom d'*hypothèse mélatonine*. Mais par la suite, des expériences toxicologiques réalisées sur l'être humain semblent avoir montré que notre glande pinéale est moins sensible aux champs magnétiques basse fréquence que celle du rat. Une diminution de la production de mélatonine existe ; néanmoins il est aujourd'hui (provisoi-

---

8 B. W. Wilson *et al.*, « Chronic Exposure to 60-Hz Electric Fields : Effects on Pineal Function in the Rat », dans : *Bioelectromagnetics*, vol. 2, n° 4, 1981, pp. 371-380.

9 Masamichi Kato *et al.*, « Effects of Exposure to a Circularly Polarized 50-Hz Magnetic Field on Plasma and Pineal Melatonin Levels in Rats », dans : *Bioelectromagnetics*, vol. 14, n° 2, 1993, pp. 97-106.

10 D. P. Loomis *et al.*, « Breast Cancer Mortality among Female Electrical Workers in the United States », dans : *Journal of the National Cancer Institute*, vol. 86, n° 12, 1994 pp. 921-925.

rement) admis que, pour les intensités habituelles du champ, l'effet n'est que *biologique* et n'atteint pas un seuil critique qui permettrait de le qualifier de *pathologique*. Tout au moins chez des personnes « normalement sensibles », la question d'éventuels cas d'hypersensibilité restant ouverte.

Autres troubles

On a cherché à mettre en évidence plusieurs autres effets biologiques, voire pathologiques, des champs électriques et magnétiques à la fréquence du réseau électrique, avec des résultats limités.

Les tentatives de corréler l'exposition à de tels champs avec des troubles cardio-vasculaires se sont soldées par des résultats très largement négatifs. De même, la recherche d'éventuels effets sur la reproduction et le développement de l'embryon n'a pas permis de mettre en évidence des risques vérifiables, même pour des intensités de champ très supérieures à celles auxquelles nous sommes exposés en pratique.

Certaines plaintes relativement récurrentes, concernant la perte du sommeil, du bien-être et de l'appétit, l'apparition d'angoisses, de maux de tête, d'un état de tristesse, de dépression ou de tendances suicidaires, ont inspiré plusieurs études. La nature même de ces troubles, en particulier la difficulté

Au jour le jour...

Le Danemark possède un registre national des patients qui a permis à un chercheur de ce pays de mener une étude épidémiologique sur une éventuelle corrélation entre l'exposition à des champs dus au réseau électrique et l'apparition de certaines maladies du système nerveux. Un groupe de 30 361 personnes, employées dans des entreprises électriques entre 1900 et 1993, a été divisé en trois sous-groupes, exposés à des champs magnétiques faibles, moyens ou forts. L'auteur a procédé à une comparaison statistique entre ces groupes, ainsi qu'avec l'ensemble de la population danoise.

Résultats: pour le sous-groupe le plus exposé, le risque de développer une sclérose latérale amyotrophique était multiplié par 2,5. (En général, cette maladie des neurones moteurs atteint 1 personne sur 100 000 chaque année.) En revanche, il n'a pas été possible d'établir une corrélation entre ces champs et l'apparition de la maladie de Parkinson ou d'Alzheimer.

Publié dans *Epidemiology*, vol. 11, n° 5, 2000.

de les mesurer objectivement et l'existence de facteurs subjectifs susceptibles d'y intervenir, ont toutefois conduit à un tableau assez peu cohérent.

De tels effets ne sont pas totalement exclus dans la mesure où ils dépendent de la transmission des signaux nerveux, qui met en jeu des phénomènes électriques. L'action des rayonnements peut donc s'expliquer par un processus biophysique plausible, tout au moins à l'échelle du nerf. En revanche, on comprend moins comment cela se traduirait par un effet global, à l'échelle du comportement, et moins encore pourquoi cet effet serait toujours négatif. À priori, l'action d'un champ magnétique sur un nerf pourrait aussi bien se traduire par une augmentation de l'appétit, plutôt que par sa diminution ; il pourrait aussi bien plonger le sujet dans le sommeil, plutôt que l'empêcher de dormir ; ou provoquer la joie, plutôt que la tristesse.

Par ailleurs, un petit nombre d'études visaient à établir un éventuel lien avec des maladies neurodégénératives, telles que les maladies d'Alzheimer ou de Parkinson. Pour l'instant, l'ensemble des résultats n'est pas cohérent et ne permet donc pas de conclure à un risque avéré.

Les câbles enterrés

Certains préconisent le remplacement des lignes à haute tension aérienne par des câbles enterrés. L'esthétique y gagnerait probablement. En revanche, l'idée paraît moins convaincante pour ce qui est de la réduction des champs magnétiques. Contrairement à ce que suggère une intuition assez répandue, la terre ne constitue en rien un écran pour ce champ. Par ailleurs, les coûts de construction et d'entretien sont plus élevés, les pertes d'énergie plus grandes, la stabilité du réseau plus délicate, l'emprise au sol plus importante et l'évacuation de la chaleur plus critique.

Naturellement, les quelques paragraphes que nous avons consacrés au réseau électrique ne sauraient en épuiser la problématique. En 2007, l'Organisation mondiale de la santé (OMS) a publié un rapport très détaillé, spécifiquement consacré à la question de l'influence des champs à basse fréquence sur le corps humain. Le lecteur très motivé pourra se référer à ce document de 545 pages[11].

---

11 World Health Organization, *Environmental Health Criteria 238 – Extremely Low Frequency Fields* (juin 2007), disponible sur Internet à l'adresse: http://www.who.int/peh-emf/publications/Complet_DEC_2007.pdf.

Au jour le jour...

Des mesures ont été réalisées en Angleterre, afin de comparer les champs magnétiques engendrés par des lignes aériennes à haute tension et par des câbles souterrains de même puissance.

Résultats: sur le sol situé juste au-dessus du câble enterré, le champ magnétique se rapproche de la limite des 80 A/m, en atteignant des valeurs 4 fois plus élevées que sous une ligne haute tension de même puissance. En revanche, ce champ engendré par le câble décroît très rapidement lorsqu'on s'éloigne de l'axe du câble et devient inférieur à celui de la ligne, à partir de 5 mètres.

Disponible sur le site Internet: Electric and Magnetic Fields Unit Public Information Line: www.emfs.info/Source_underground.asp.

L'alimentation électrique embarquée

Limite recommandée pour le champ magnétique à 400 hertz: 10 A/m pour le public; 50 A/m pour les travailleurs.

Dans les bateaux et dans les avions, les appareils sont généralement alimentés en électricité à une fréquence de 400 hertz, et non à 50 hertz comme dans les réseaux électriques terrestres; ce choix permet d'utiliser des génératrices plus petites et plus légères.

Des mesures réalisées dans un avion, au niveau de la taille des passagers, ont donné un champ magnétique maximal de 2 A/m. Les plus grandes valeurs de champ magnétique sont enregistrées dans le cockpit, derrière le pilote, vers les canalisations électriques et près des éléments chauffants, où le champ magnétique atteignait 8 A/m.

La cuisinière à induction

Limite recommandée pour le champ magnétique à 25 kilohertz: 5 A/m pour le public; 24 A/m pour les travailleurs.

Ces appareils, déjà mentionnés, travaillent typiquement avec des ondes sinusoïdales entre 20 et 25 kilohertz. Là encore, à quelques dizaines de centimètres de la cuisinière, nous nous trouvons en situation de *champ proche*, nécessitant une mesure séparée des champs électrique et magnétique, ceux-ci n'étant pas

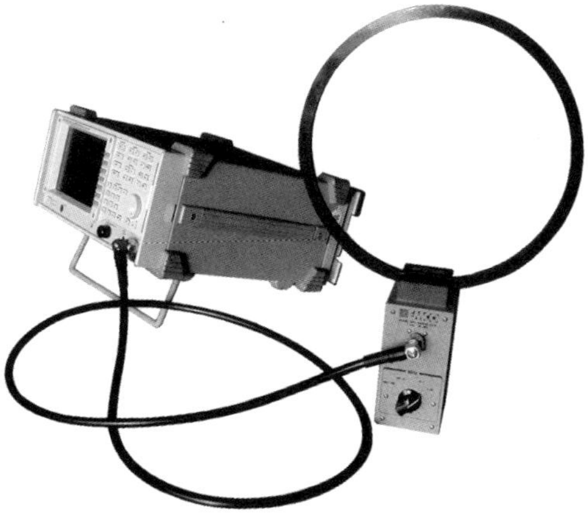

Fig. 4.4 Antenne de mesure des champs magnétiques dans les fréquences intermédiaires (9 kilohertz à 30 mégahertz), couplée à un analyseur de spectre.

couplés. En pratique toutefois, la tension électrique utilisée dans cet appareil restant faible, il en va de même du champ électrique. En revanche, le courant intense engendre un champ magnétique qui mérite une certaine attention. Précisons qu'il s'agit là d'un rayonnement *intentionnel*, puisque c'est justement ce champ magnétique qui induira des courants électriques dans le corps de la casserole et produira son échauffement.

Les valeurs mesurées à l'aide d'une antenne *loop* (fig. 4.4), autour de différents modèles de cuisinières, atteignaient au maximum 3,5 A/m à une distance de 5 cm et 6 fois moins à une distance de 30 cm. Cependant, ces résultats ne sont valables que si les casseroles sont adéquates (casseroles spéciales pour ce type de cuisinière), en bon état (dont le fond n'est pas déformé) et correctement centrées sur les zones de cuisson. Une étude du Service technique et d'information sur les rayonnements non ionisants de la Confédération helvétique a montré que des casseroles inadéquates, déformées ou mal centrées, pouvaient conduire à un rayonnement de champ magnétique au moins 4 fois plus élevé, dépassant, à très courte distance, la limite recommandée.

Les portiques antivol

La plupart des bibliothèques et beaucoup de magasins ont équipé leur porte de sortie de portiques détectant les articles qui auraient été subtilisés. Le principe en est le suivant.

L'article à protéger est muni d'un élément accolé, qui peut être actif ou inactif et qui va fonctionner à la fois comme antenne réceptrice et émettrice. En effet, l'un des côtés du portique émet une onde électromagnétique captée par l'élément accolé qui se comporte alors comme un récepteur. Celui-ci réémet, en direction de l'autre côté du portique, un signal différent, selon qu'il était activé ou désactivé. Cela dit, il existe quatre principaux systèmes de détection, utilisant des champs électromagnétiques de fréquences différentes.

Dispositifs électromagnétiques

Ces systèmes utilisent un champ ondulatoire, sur des fréquences pouvant aller jusqu'à 18 kilohertz, mais la plupart du temps inférieures à 1 kilohertz ; les deux fréquences les plus utilisées sont 219 hertz et 535,7 hertz. L'élément collé sur l'objet à protéger consiste en un ruban très fin, de quelques millimètres de largeur et d'une dizaine de centimètres de longueur (fig. 4.5). Ce ruban est activé ou désactivé à volonté, à l'aide d'un terminal produisant un champ magnétique statique. Du fait de sa faible taille, ce dispositif convient particulièrement bien aux bibliothèques, mais la détection de vol est relativement peu fiable, ce qui permet éventuellement à quelques voleurs de passer entre les gouttes, et vaut surtout aux utilisateurs honnêtes le désagrément de déclencher trop souvent une sonnerie imméritée !

Fig. 4.5 Ruban antivol électromagnétique, sur un disque d'une phonothèque.

Dispositifs magnéto-acoustiques

Ces systèmes constituent une variante du système précédent, améliorant la fiabilité de la détection. Le ruban est formé de deux matériaux différents et la détection fonctionne avec une onde de 58 kilohertz pulsée. Son épaisseur plus grande le rend toutefois peu utilisable dans les livres.

Dispositifs à radiofréquences

Dans les systèmes utilisant des radiofréquences, l'élément le plus visible du dispositif antivol consiste en un ruban enroulé en spirale carrée, qui constitue un des éléments d'un circuit électronique résonant (fig. 4.6). Le champ rayonné par le portique est de type ondulatoire modulé en fréquence, parfois autour de 1,9 mégahertz ou plus fréquemment 8,2 mégahertz. Ce système de très faible épaisseur, généralement collé sur l'objet à protéger, ne peut être désactivé qu'une seule fois (par destruction du circuit résonant, à l'aide d'un champ électromagnétique intense). Il ne convient donc pas pour les bibliothèques, mais uniquement pour les objets vendus en magasin, sur lesquels on peut laisser le dispositif collé, après désactivation.

Fig. 4.6 Elément inductif d'un dispositif antivol à radiofréquences.

Dispositifs à micro-ondes

Les systèmes à micro-ondes sont utilisés sur les vêtements (fig. 4.7). Ils ne peuvent pas être désactivés et doivent donc être enlevés avant le passage dans le portique. L'élément accolé à l'objet consiste en un circuit électronique dit *mélangeur*, formé d'une diode et d'une petite antenne. Le portique émetteur génère deux ondes, l'une de fréquence élevée (soit entre 900 et 930 mégahertz,

Fig. 4.7 Dispositif antivol à micro-ondes, sur un vêtement.

soit en 2400 et 2500 mégahertz) et l'autre de fréquence beaucoup plus basse (111,5 kilohertz). Le circuit mélangeur combine ces ondes d'une certaine manière et réémet un signal typique détectable.

Mesures de rayonnement

Les intensités des champs électriques ont été mesurées par un organisme américain[12], dans différents types de portiques antivol, à 36 cm du portique émetteur et à 1,30 mètre du sol. Les résultats sont indiqués dans le tableau 4.2.

Tableau 4.2 Champ émis par les détecteurs de vol.

Système	Fréquence	Champ magnétique en A/m	
		Intensité mesurée	Valeur limite pour le public
Électromagnétique	219 hertz	97	18
	535,7 hertz	57	7,46
Magnéto-acoustique	58 kilohertz	52	5
Radiofréquence	1,95 mégahertz	0,8	0,37
	8,2 mégahertz	< 0,8	0,09

Ces champs dépassent clairement les valeurs limites recommandées. Cette conclusion est confirmée par un document qui constate que les limites de champs magnétiques recommandées pour le public sont dépassées dans tous les détecteurs de vol connus[13]. Quant aux limites recommandées pour les travailleurs, qui sont pourtant 4 ou 5 fois plus élevées que celles qui prévalent pour le public, elles se trouvent également souvent dépassées à l'intérieur des portiques.

Limite recommandée pour le champ magnétique à 580 hertz: 6,9 A/m pour le public; 35 A/m pour les travailleurs.

Cependant, une étude a été réalisée en Finlande en 2001, sur des caissières de supermarchés dont la place de travail se situait entre 1 et 3 mètres du portique antivol de type électromagnétique, fonctionnant à 580 hertz. Les résultats n'ont pas montré d'intensités de champs supérieures aux recommandations pour ces personnes: le plus grand champ magnétique mesuré atteignait 1,6 A/m. Il semble donc qu'un

12 Le CDRH: *Center for Devices and Radiological Health* de la *FDA (Food and Drug Administration).*

13 ICNIRP, « Statement Related to the Use of Security and Similar Devices Utilizing Electromagnetic Fields », dans: *Health Physics*, vol. 87-2, août 2004.

dépassement des valeurs recommandées ne survienne qu'à l'intérieur du portique, où seuls les clients passent quelques fractions de seconde au moment de le franchir.

On notera toutefois que les recherches ont porté uniquement sur les champs magnétiques et que l'on manque de données sur les champs électriques présents dans ces portiques antivol. Or, compte tenu des fréquences utilisées, et aussi de la proximité de la source par rapport à la personne exposée, cette dernière se trouve en *champ proche*, et non en *champ lointain* (sauf pour les dispositifs à micro-ondes). Et comme nous l'avons indiqué précédemment, en champ proche, les deux champs (électrique et magnétique) devraient être mesurés indépendamment l'un de l'autre.

Par ailleurs, le terminal qui permet d'activer ou de désactiver l'élément accolé constitue également une source de champ intense – statique ou ondulatoire – auquel se voit exposé le personnel préposé à sa manipulation. Les quelques rares mesures réalisées à ce jour semblent montrer que les champs émis par ces équipements restent très localisés autour de l'appareil et de ce fait ne présentent pas de danger pour le personnel, au-delà d'une vingtaine de centimètres. De plus amples recherches restent cependant nécessaires.

Finalement, les dangers liés à ces diverses installations font l'objet d'une attention soutenue de la part des fabricants de stimulateurs cardiaques, qui doivent assurer l'insensibilité de leurs appareils pour les champs en question ; faute de quoi le porteur d'un tel stimulateur pourrait courir un danger grave en passant simplement dans un portique antivol.

Internet

Lorsque les signaux Internet circulent dans des câbles dits *blindés* (fig. 4.8), tels ceux du téléréseau (initialement destinés à la télévision par câble), le rayonnement est extrêmement faible. Il est même tout à fait nul dans le cas des fibres optiques.

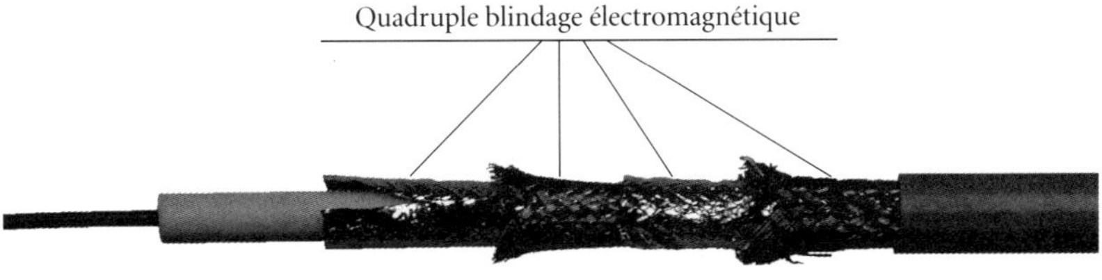

Fig. 4.8 Câble blindé, spécialement conçu pour les réseaux numériques.

On peut en revanche se demander ce qu'il en est lorsque l'on « injecte » Internet dans des réseaux qui n'ont pas été conçus pour les fréquences concernées.

ADSL (Asymmetric Digital Subscriber Line)

L'un de ces réseaux, qui fut rapidement utilisé pour acheminer Internet vers l'utilisateur, est évidemment le réseau téléphonique, actuellement exploité à cette fin par la technique de l'ADSL, ou en français : *Raccordement numérique asymétrique (RNA)*.

Les mesures de champ magnétique rayonné autour d'un câble téléphonique (non blindé, fig. 4.9) transportant des signaux *ADSL* font apparaître des fréquences centrées autour de 15 mégahertz environ. Autour de cette valeur, et à 20 cm du câble, nous avons mesuré un champ maximal de 0,0002 A/m alors que la limite recommandée pour la protection de la santé des personnes, à une telle fréquence, est de 0,073 A/m.

La valeur mesurée se révèle donc plus de 300 fois inférieure à la limite recommandée, et par conséquent très loin de pouvoir nuire à la santé. Elle ne pourrait éventuellement poser de problème que dans le cadre des perturbations de certaines transmissions radio en ondes courtes. La même remarque s'applique à la technique du PLC.

Fig. 4.9 Câble téléphonique standard (non blindé).

PLC (Power Line Communication)

Traduite en français par *Courants porteurs en ligne (CPL)*, cette technologie consiste à fournir Internet par le réseau électrique. En pratique, les signaux Internet sont injectés dans le réseau électrique au niveau d'un transformateur de quartier ou à l'entrée d'un immeuble. L'utilisateur reçoit un modem qu'il branche sur la prise électrique et auquel il branche son ordinateur, aussi bien pour l'alimenter en électricité que pour se connecter à Internet.

Dans les pays développés, l'idée de ce procédé réside dans l'offre d'une solution concurrente à celle du réseau téléphonique. Mais dans les pays en développement où le réseau téléphonique reste rudimentaire (et d'ailleurs en partie condamné par l'avènement de la téléphonie mobile), le PLC pourrait éventuellement s'imposer comme un moyen privilégié d'accès rapide à Internet.

Naturellement, ces signaux Internet injectés dans le réseau électrique se retrouvent dans toutes les prises et dans tous les appareils qui y sont branchés. Ainsi les câbles électriques qui circulent dans les murs d'une maison rayonnent non seulement des champs à 50 hertz, mais aussi aux fréquences du PLC, soit entre 10 kilohertz et 30 mégahertz. Un tel rayonnement serait-il dangereux pour la santé ?

Il se trouve que ces fréquences correspondent aux ondes courtes de la radio et sont utilisées par différents services spécialisés (voir plus loin : *Les ondes radio*). Tous ces utilisateurs de la bande des ondes courtes sont potentiellement perturbés par le PLC ; de ce fait, ils cherchent à imposer à cette technologie des limites de champs électromagnétiques rayonnés.

La normalisation des limites à respecter donne encore lieu en 2008 à diverses recherches et discussions, en particulier dans le cadre du projet européen OPERA (*Open Powerline Communications European Research Alliance*). Mais de toute manière, ces limites seront très inférieures aux valeurs connues pour pouvoir nuire à la santé, tant il est vrai que les communications radio s'avèrent bien plus sensibles aux perturbations électromagnétiques que le corps humain. Pour ne donner qu'un exemple, la moins sévère des limites existantes, exigée par les radio-amateurs à la fréquence de 10 mégahertz, est d'environ 0,00016 V/m. Or la limite recommandée pour protéger la santé est de 28 V/m, soit 175 mille fois plus élevée !

Ainsi, tant que le PLC entrera en concurrence avec d'autres dispositifs sensibles de communications, il ne produira que des rayonnements totalement inoffensifs pour la santé des personnes.

Wi-Fi, WiMAX

Contrairement aux applications précédentes, qui produisent des rayonnements non intentionnels, les techniques du Wi-Fi et du WiMAX rayonnent intentionnellement afin de permettre la connexion sans fil à Internet. Les fréquences des ondes porteuses vont de 2 à 66 gigahertz. Dans cette gamme-là, la recherche scientifique est encore très lacunaire et les recommandations qui en découlent souffrent ainsi d'un certain défaut de crédibilité.

Certes, ces technologies récentes sont arrivées sur le marché alors que les recommandations relatives à la protection des personnes avaient déjà été traduites en dispositions légales contraignantes dans la plupart des pays civilisés. Mais ces contraintes légales s'appliquent à des installations fixes. Or de plus en plus de particuliers installent des connexions par Wi-Fi dans leur logement, où rien ne les empêche de placer un routeur Wi-Fi sur leur table de nuit...

Par ailleurs, des installations de ce type sont de plus en plus répandues dans les écoles et même dans tous les lieux publics. Les fréquences couramment utilisées sont de 2,4 et 5,4 gigahertz. Ainsi les citadins, et les enfants en particulier, passent une partie de plus en plus grande de leur temps dans des champs électromagnétiques hyperfréquences. Certes la puissance d'émission du Wi-Fi est limitée à un dixième de watt, contrairement aux antennes de téléphonie mobile qui peuvent aller jusqu'à plusieurs centaines de watts. Mais à l'intérieur d'un local, comme une salle de classe par exemple, les ondes hyperfréquences se réfléchissent contre tous les objets métalliques. En un point donné du local, on peut donc recevoir plusieurs ondes qui s'annulent les unes les autres (interférences destructives) ou au contraire qui s'additionnent (interférences constructives). Dans ce dernier cas, l'intensité totale peut atteindre localement une valeur relativement élevée.

En ce qui concerne le WiMAX, qui nécessite des installations fixes gérées par des opérateurs et dûment supervisées par les organes de contrôle compétents, les champs rayonnés se conforment aux limites recommandées. Cependant, dans les conditions actuelles, la question est moins de savoir si ces dispositifs respectent les limites recommandées, que de savoir si ces limites sont vraiment pertinentes en termes de protection de la santé des personnes. Ce sujet sera discuté au chapitre 5.

La radio

Aujourd'hui, la bande FM, avec des fréquences allant de 87,5 à 108 mégahertz, domine largement les champs électromagnétiques dus aux ondes radio, en attendant que la radio numérique prenne la relève.

Les ondes longues (ou grandes ondes, GO, et en anglais: *Long Wave, LW*) ont des fréquences comprises entre 150 à 280 kilohertz et ne sont pratiquement plus utilisées en radio, du fait de leur sensibilité aux parasites. Leur capacité de se propager à longue distance les rend toutefois intéressantes dans certaines applications. C'est ainsi, par exemple, que les signaux horaires permettant de synchroniser des horloges, et même des montres-bracelets, sont émis en ondes longues. Il n'en reste pas moins que dans la problématique qui nous occupe – celle des effets sur la santé –, l'intensité des champs associés à ces ondes reste négligeable pour le public.

Les ondes moyennes (OM, ou en anglais: *Medium Wave, MW*), dont les fréquences vont de 520 à 1620 kilohertz et modulées en amplitude, ont perdu du terrain dans le troisième tiers du 20e siècle, face à la modulation de fréquence, de meilleure qualité sonore. Cependant, les stations FM sont devenues si nombreuses que la bande de fréquences qui leur est allouée est pratiquement saturée, redonnant un certain intérêt au développement des ondes moyennes. Aux États-Unis, nombreuses sont déjà les radios locales qui émettent en ondes moyennes, et plusieurs pays européens prévoient de redynamiser cette technique.

Quant aux ondes courtes (OC, ou en anglais: *Short Wave*, SW), avec des fréquences allant de 2 à 25 mégahertz, et censées maintenir le contact avec les expatriés, elles ont probablement perdu la partie face aux nouveaux moyens dont disposent ces derniers pour s'informer, tel Internet. Elles restent cependant utilisées dans certaines transmissions spécialisées (militaires, systèmes d'alarme, de police et de secours, Interpol, Croix-Rouge, radio-amateurs, etc.) ; les puissances d'émission associées à ces applications restent généralement faibles.

Par ailleurs, toutes ces gammes de fréquences deviennent aussi utilisables pour la radio numérique, par exemple selon le standard DRM (*Digital Radio Mondiale*). Ce système permet d'obtenir une excellente qualité sonore, avec une puissance d'émission plusieurs fois inférieure à celle des émetteurs analogiques. Les récepteurs radio adaptés à ce type d'émission commencent à envahir le marché et paraissent promis à un avenir radieux.

Contrairement à la situation qui prévalait pour les sources de champ précédemment examinées, nous nous trouvons ici en présence d'un *champ lointain*, ce qui nous donne l'occasion de préciser cette notion. Souvenons-nous que la longueur d'onde (distance entre deux ondulations) est inversement proportionnelle à la fréquence (nombre d'oscillations par seconde), ce qui apparaît clairement dans le tableau 2.1 page 15. Or, d'une manière générale, le champ électromagnétique devient de type *lointain* dès que la distance à l'émetteur dépasse un tiers de la longueur d'onde. Ainsi, dans la bande FM, comportant des fréquences voisines de 100 mégahertz, le tableau 2.1 nous apprend que la longueur d'onde est de 3 mètres. De ce fait, le champ rayonné sera *lointain*, dès que la distance à l'émetteur dépasse 1 mètre.

Or, dans un champ électromagnétique de type lointain, les composantes électrique et magnétique du champ ne sont plus indépendantes, mais liées par la relation simple :

$$\text{Champ magnétique} = \frac{\text{Champ électrique}}{377}$$

C'est dire qu'il n'est pas nécessaire de mesurer séparément les deux champs. Pour des raisons pratiques, on mesure généralement le champ électrique à ces fréquences-là, et l'on peut en déduire le champ

Cette valeur de 377 est une constante physique universelle. Les physiciens l'ont baptisée *impédance du vide*.

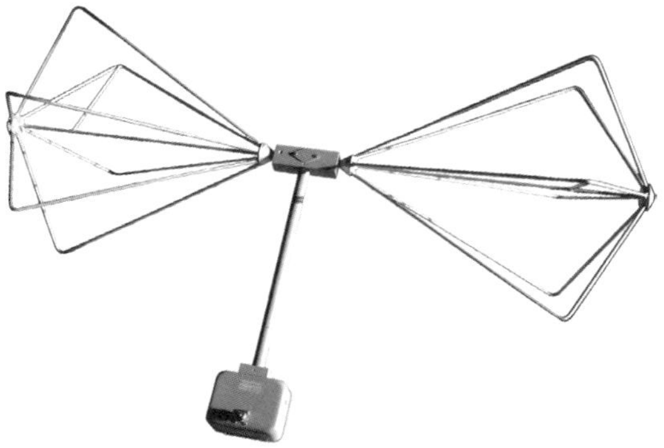

Fig. 4.10 Antenne biconique utilisée pour la mesure du champ électrique de la bande FM.

magnétique en divisant simplement par 377. D'ailleurs, à haute fréquence, les valeurs limites recommandées sont elles-mêmes liées par cette même relation, de sorte que si le champ électrique ne dépasse pas sa limite, il en ira de même du champ magnétique. La figure 4.10 montre une antenne (dite *biconique*) permettant de mesurer la composante électrique d'un champ électromagnétique à haute fréquence, soit entre 30 et 300 mégahertz.

La figure 2.7 de la page 27 montrait une mesure des champs électromagnétiques dans la bande FM, réalisée au moyen de cette antenne, reliée à un analyseur de spectres. Par ailleurs, nous avons réalisé de telles mesures à proximité de l'émetteur du Mont-Pèlerin, au-dessus de Vevey (Suisse), là où se trouve l'habitation la plus proche, soit à environ 350 mètres de l'émetteur.

Limite recommandée pour le champ électrique à 100 mégahertz : 28 V/m pour le public ; 61 V/m pour les travailleurs.

À cet endroit, les émetteurs FM les plus puissants produisaient des champs électriques de l'ordre de 0,2 V/m. On voit que la marge reste considérable entre les valeurs d'exposition et leur limite recommandée. Seule une personne qui se trouverait à quelques mètres de l'émetteur pourrait voir son niveau d'exposition devenir critique. C'est dire que la problématique de la protection des personnes, vis-à-vis d'une fréquence donnée, concerne exclusivement le personnel d'entretien de l'émetteur.

Il convient en principe de tempérer cette remarque, du fait du grand nombre d'émetteurs dont les rayonnements se superposent. En effet, la limite indiquée ci-dessus est celle qui s'applique à chaque fréquence individuelle. Or nous avons déjà mentionné l'existence de limites dites *par sommation*, qui tiennent compte du fait que l'être humain, dans son environnement quotidien, est exposé à une superposition d'un grand nombre de fréquences différentes. C'est particulièrement évident pour ce qui touche à la bande de radio

Au jour le jour...

En 2002, deux chercheurs suédois ont publié une étude qui visait à expliquer l'apparition (de plus en plus fréquente) de cancers de la peau par la puissance et le nombre (de plus en plus grand) de stations de radio FM. Des données ont été recueillies à cette fin en Suède, en Norvège, au Danemark et aux États-Unis.

Résultats: la puissance des émetteurs ne semblait jouer qu'un rôle secondaire. En revanche, une corrélation significative a été trouvée entre l'incidence des mélanomes et le nombre de stations qui pouvaient être captées dans une région donnée, et même dans l'ensemble des pays étudiés.

Publié dans *Archives of Environmental Health*, vol. 57, n° 1, 2002.

FM, où une quarantaine de stations peuvent toutes émettre sur des fréquences légèrement différentes.

Lors de la mesure que nous avons réalisée près du Mont-Pèlerin, nous avons également évalué cette sommation, en faisant l'hypothèse pessimiste que tous les canaux de la bande FM étaient utilisés simultanément à une puissance correspondant à la valeur la plus élevée mesurée. Le total (toujours à 350 mètres de l'émetteur) s'élevait ainsi à 0,07, alors que la limite recommandée est fixée à 1. Là encore, on voit qu'en pratique, la valeur d'exposition reste très éloignée de la recommandation.

Tout cela paraît rassurant, mais il faut néanmoins se souvenir que ces limites ne disent rien du type de modulation des ondes : jusqu'à preuve du contraire, elles s'appliquent à l'intensité du champ, quelle que soit sa modulation. Peu d'études ont tenté de mettre en évidence un effet de la modulation, dans le domaine des fréquences radio. Cela s'explique sans doute par le fait que, depuis quelques années, la téléphonie mobile monopolise pratiquement toute l'activité des laboratoires occupés par les éventuels effets pathologiques des rayonnements non ionisants.

Par ailleurs, l'étude mentionnée ci-dessus, dans la rubrique **Au jour le jour...**, remet fortement en question les recommandations internationales concernant la bande FM. Alors que la limite recommandée pour le champ électrique est de 28 V/m, les auteurs considèrent qu'un champ de 0,1 V/m pourrait déjà présenter un danger et affirment qu'en réalité aucune limite sûre n'a pu être mise en évidence. Cette situation correspondrait donc au cas d'une relation dose-réponse sans seuil (voir p. 40), telle que nous en connaissons pour les substances chimiques cancérogènes.

Dans un avenir proche, la radio numérique (standard DAB) va sans doute prendre le relais de la modulation de fréquence, avec deux avantages déterminants : la qualité du son d'une part, et la possibilité de diffuser un plus grand nombre de programme dans les bandes de fréquences allouées à cette technologie. Au niveau européen, deux bandes lui sont réservées : 174 à 240 mégahertz et 1,452 à 1,492 gigahertz. En ce qui concerne la problématique d'éventuels effets biologiques, les considérations précédentes nous conduisent à deux remarques complémentaires.

Premièrement, le système DAB utilise une modulation d'un type nouveau (appelé COFDM : *Code Orthogonal Frequency Division Multiplex*), consistant à répartir l'information numérique sur un grand nombre d'ondes porteuses. Inutile de préciser qu'aucune étude n'a encore été réalisée sur les effets particuliers qu'une telle modulation pourrait présenter pour les organismes vivants. Secondement, l'augmentation du nombre de stations qui peuvent émettre dans une tranche de fréquences donnée, si elle résout le problème de la saturation des canaux qui limite aujourd'hui la FM, laisse craindre en revanche une multiplication des émetteurs ; une donnée à mettre en parallèle avec les conclusions de l'étude citée ci-dessus dans la rubrique **Au jour le jour...**.

La télévision

Les émetteurs de télévision analogique utilisent les bandes de fréquences VHF (*Very high frequency*) de 174 à 230 mégahertz et UHF (*Ultra high frequency*) de 470 à 862 mégahertz, en modulation d'amplitude ou de fréquence selon le type de standard (NTSC, PAL, SECAM...). Mentionnons aussi la télévision par satellite qui travaille à des fréquences beaucoup plus hautes, comprises entre 10,7 et 12,75 gigahertz. Rappelons que dans cette gamme de fréquences, l'effet attendu est celui d'un échauffement de surface, donc de la peau.

Comme dans le cas de la radio, toutes les intensités sont très largement inférieures aux limites recommandées. Pour la télévision par satellite, par exemple, la limite est spécifiée en densité de puissance, soit environ 10 watts par mètre carré. Or les signaux provenant des satellites arrivent sur Terre avec une densité de puissance typiquement 10 milliards de fois plus faible. Cela explique que cette question n'ait donné lieu à aucune étude approfondie, à notre connaissance.

Quant à l'irrésistible progrès du numérique, il nous promet la télévision numérique terrestre (TNT) selon le standard DVB-T (*Digital Video Broadcasting – Terrestrial*) qui fait usage de la modulation COFDM déjà mentionnée pour la radio numérique, mais aussi le DVB-H (*Digital Video Broadcasting – Handheld*) destiné aux récepteurs mobiles, utilisant une modulation différente.

La téléphonie

Le téléphone sans fil

Dès le début des années 1990 apparurent des téléphones sans fil, communiquant à courte distance, selon la norme DECT (*Digital Enhanced Cordless Telephone*). Le combiné et la station de base communiquent numériquement, ce qui veut dire que la conversation est transformée en une suite de « 0 » et de « 1 ». Ces nombres sont ensuite transmis sur une onde porteuse de fréquence comprise entre 1880 à 1900 mégahertz, modulée en fréquence. La figure 4.11 illustre ce type d'onde, qui apparaît « dilatée » (fréquence plus faible) lorsqu'elle transmet un « 0 ».

Limite recommandée pour le champ électrique à 1900 mégahertz (téléphonie sans fil) : 60 V/m pour le public ; 130 V/m pour les travailleurs.

La puissance de la station de base est de 10 milliwatts (pour une portée allant jusqu'à 300 mètres). Le champ électrique mesuré à 20 cm de la station de base atteint environ 2 V/m, très au-dessous de la valeur limite recommandée. À une distance d'un mètre, le champ tombe à environ 0,6 V/m. Pour une station de base qui gère jusqu'à six conversations simultanées, comme cela est possible, le champ électrique ne dépasse pas 10 V/m à 20 cm. Du fait de ces faibles valeurs, peu d'études scientifiques ont été réalisées sur d'éventuels effets biologiques et aucun effet particulier n'a semble-t-il été mis en évidence en relation avec la modulation de fréquence. Les organismes de santé publique conseillent simplement d'éviter une exposition prolongée à moins de 50 cm de la station de base.

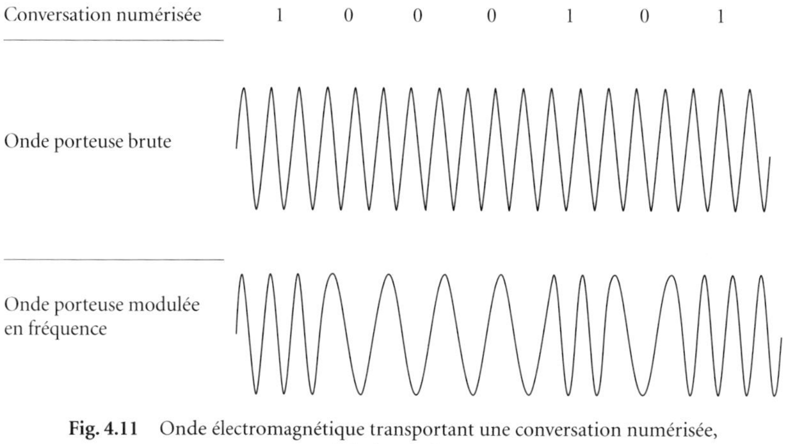

Fig. 4.11 Onde électromagnétique transportant une conversation numérisée, par modulation de fréquence.

Le téléphone mobile

Le problème des dangers que pourrait présenter l'usage d'un téléphone mobile se présente aujourd'hui comme un vaste chantier, dans lequel il est extrêmement difficile de séparer les aspects scientifiques des intérêts économiques et des proclamations idéologiques. Puissent les précédents chapitres du présent ouvrage avoir au moins montré que la question ne se résume pas à trancher entre *dangereux* ou *pas dangereux*, mais que le risque doit être quantifié séparément pour ses différentes sources (le téléphone lui-même ou les antennes relais), ses différents modes d'utilisation (intensif, occasionnel ; à l'extérieur, en milieu fermé...), relativement à différentes organes (cerveau, cœur, organes génitaux...), et, sur chaque organe, pour différentes pathologies. Les champs électriques rayonnés dans cette gamme de fréquences peuvent être mesurés à l'aide d'antennes « log - périodiques » (fig. 4.12).

Une étude de 1997 est restée célèbre pour avoir trouvé que les ondes de type GSM (onde porteuse de 900 mégahertz modulée par des impulsions rectangulaires de 217 hertz : voir figure 2.4, p. 23) augmentaient de manière significative le risque d'apparition de certains types de cancers chez des souris transgéniques d'une souche connue pour être modérément sujette à ce genre d'affection[14]. Dans l'étude en question, l'incidence des lymphomes était doublée par une exposition de deux fois 30 minutes par jour durant 18 mois. Et cette conclusion était signée Michael Repacholi, un chercheur par ailleurs fortement contesté.

Né en 1944, Repacholi a réalisé toute sa carrière de biologiste dans le domaine des effets nocifs des rayons X, de la radioactivité, puis des rayonnements non ionisants. D'une grande rigueur intellectuelle, on l'a vu contes-

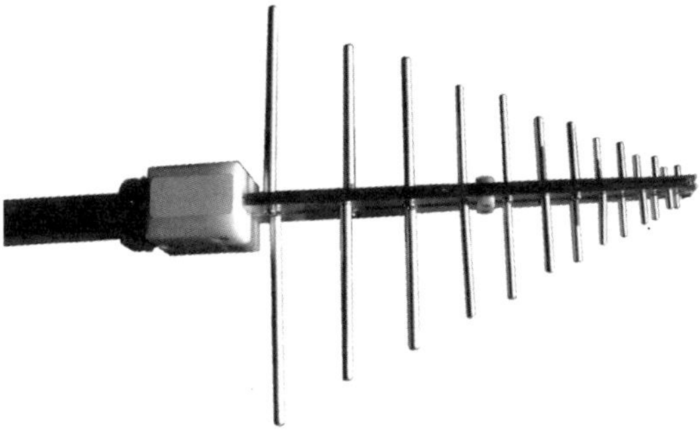

Fig. 4.12 Antenne utilisée pour la mesure des ondes de la téléphonie mobile.

[14] M. H. Repacholi *et al.*, « Lymphomas in E mu-Pim1 Transgenic Mice Exposed to Pulsed 900 MHz Electromagnetic Fields » dans : *Radiation Research*, vol. 147, n° 5, 1997, pp. 631-640.

ter certaines informations de l'OMS, à ses yeux trop optimistes, relativement à l'accident de Tchernobyl; et cela bien qu'il ait lui-même été associé, au sein de l'OMS, à l'analyse de cette catastrophe. Au sujet des rayonnements du téléphone mobile, en plus de ses recherches peu rassurantes sur les souris, il déclara que les enfants ne devraient utiliser leur téléphone qu'avec une oreillette (écouteur permettant d'éloigner le téléphone de la tête).

Mais par ailleurs, Repacholi a aussi fait remarquer que les risques supposés du téléphone mobile ne pouvaient pas encore être considérés comme définitivement prouvés, au sens scientifique du terme. Et, pour couronner le tout, il a commis l'imprudence de mettre ses compétences au service d'une entreprise électrique et d'un fabricant de téléphones, qui l'ont naturellement rémunéré pour cette activité. Cela a suffi pour que les pourfendeurs du mobile y voient une « preuve » de corruption. Ce cas illustre assez bien la quasi-impossibilité où l'on se trouve aujourd'hui de discuter d'un résultat scientifique, sans que viennent y interférer mille et une considérations sans rapport aucun avec la connaissance objective des faits.

Au jour le jour...

Des chercheurs suédois et danois ont cherché une éventuelle augmentation du risque de tumeur de la glande parotide, la plus volumineuse glande salivaire. Vu de l'extérieur, cette glande se situe exactement en face d'un téléphone mobile tenu normalement, sur le chemin allant de l'oreille à la bouche. L'étude était du genre cas-témoins, avec 60 cas de tumeurs malignes et 112 cas de tumeurs bénignes diagnostiquées entre 2000 et 2002, comparés à 681 témoins n'ayant présenté aucune tumeur.

Résultats: aucune augmentation du risque de tumeur n'a été mis en évidence par cette étude.

Publié dans *American Journal of Epidemiology*, vol. 164, n° 7, 2006.

Le cas de Michael Repacholi n'est évidemment pas unique et celui de George Louis Carlo nous en fournit un autre exemple. Dans les années 1990, cet épidémiologiste et juriste américain fut mandaté à grand frais par l'industrie du téléphone mobile pour prouver l'innocuité de cet objet. Mais ses recherches aboutirent à une conclusion moins favorable, de sorte qu'à partir de ce moment-là son histoire se complique au fil des crédits coupés, des recherches interrompues, des menaces de rétorsion et même de l'incendie de sa maison.

Au jour le jour...

Le docteur Élisabeth Cardis, alors employée au Centre international de recherches sur le cancer, a présenté en 2007 une comparaison des études réalisées sur le risque de gliomes (tumeurs concernant spécifiquement les tissus nerveux du cerveau et de la moelle épinière) en relation avec l'usage d'un téléphone mobile. Sur les douze études présentées, six concluent à l'absence d'un effet significatif, deux études trouvent un risque significativement augmenté de 30 à 50%, tandis que quatre d'entre elles arrivent à une diminution significative du risque, de 20 à 40%, du fait de l'utilisation d'un téléphone mobile

Élisabeth CARDIS, *Impact des radiofréquences sur le risque de cancer*, présenté aux Premières Rencontres Scientifiques – Fondation Santé et Radiofréquences, 2007.

Toutes ces péripéties sont certes regrettables; mais des maisons qui brûlent, il y en a tous les jours et quoi qu'il en soit, cela ne nous apprend strictement rien sur l'interaction d'un champ électromagnétique avec les neurones...

On pourrait encore citer le cas de Peter Angelos, ce juriste de Baltimore qui se rendit célèbre par ses combats pour la défense des victimes de l'amiante et du tabac; les procès qu'il mena contre les cigarettiers en particulier lui rapportèrent des sommes considérables. Aujourd'hui, il se bat pour obliger les fabricants de téléphones mobiles à fournir obligatoirement une oreillette à leurs acheteurs... non sans avoir pris quelques participations dans une fabrique d'oreillettes !

Face à un tel fatras de bonnes causes, d'intérêts financiers et de lacunes scientifiques, voire de calculs politiques, il importe moins de brandir telle ou telle étude qui dit ceci ou qui dit le contraire, que de mettre un peu d'ordre dans le débat, en distinguant clairement la démarche scientifique des autres types de démarches qui, bien que fondées sur la connaissance scientifique, poursuivent des buts différents, telle que la prévention des risques par exemple.

Depuis quatre siècles, l'Occident s'est engagé résolument dans la voie d'un *projet scientifique*: une tentative de fonder une connaissance sur l'observation objective de monde, par l'expérimentation systématique et l'analyse rationnelle des observations. C'est dire que le projet scientifique poursuit essentiellement un *but intellectuel*. À priori, il ne sert pas à prévenir ou à soulager des souffrances, ni à améliorer notre confort ou à accroître notre richesse, toutes choses qui incombent éventuellement aux applications de la science, mais non à la science elle-même.

Si le but de la science était de résoudre des problèmes pratiques, les procédures de vérification, la confrontation des résultats obtenus par différents groupes de recherche, la comparaison des données expérimentales avec des conclusions théoriques, le traitement statistique des corrélations, la validation des modèles, etc., tout cela ne servirait à rien ; seul le résultat pratique importerait. C'est la voie suivie dans la culture chinoise par exemple, où les marins se sont servis de la boussole 500 ans avant que l'on en découvre l'utilité en Occident, mais sans pour autant que les savants chinois aient jamais éprouvé le besoin d'en tirer les lois générales du magnétisme.

Au jour le jour...

Le projet INTERPHONE, groupant près de 50 chercheurs de 13 pays, vise à établir une relation entre l'usage du téléphone mobile et l'apparition de tumeurs du nerf acoustique, des glandes salivaires ou du cerveau. En attendant des résultats complets, un rapport a été rendu en 2006 sur le risque de gliomes et de méningiomes.

L'étude de type cas-témoins a comparé 381 cas de méningiomes et 366 cas de gliomes à 1494 témoins, parmi des travailleurs dont certains étaient exposés à des rayonnements dépassant les limites recommandées pour le public.

Résultats: l'augmentation du risque de ces tumeurs n'était pas suffisante pour pouvoir être déclarée statistiquement significative. Toutefois, les auteurs considèrent qu'il convient de poursuivre les recherches sur ce sujet avec des groupes de personnes plus nombreux.

Publié dans *American Journal of Epidemiology*, vol. 164, n° 6, 2006.

L'affirmation selon laquelle « le danger n'est pas prouvé scientifiquement » signifie uniquement que l'*objectif intellectuel* de la science n'est pas atteint : la procédure de la preuve n'a pas abouti ; les critères de cohérence ne sont pas remplis ; la confirmation des hypothèses a échoué. L'affirmation d'une absence de preuve scientifique ne signifie rien d'autre.

En particulier, elle ne signifie pas que le danger n'existe pas et encore moins qu'il peut être exclu. Elle ne signifie pas non plus que les fabricants d'appareils sont des criminels, ni que les scientifiques sont corrompus par les milieux économiques ou que les organismes sanitaires minimisent les risques sous la pression des lobbies. Dans ce sens-là, l'affirmation que « le danger n'est pas prouvé scientifiquement » ne présente qu'un intérêt limité pour le grand public, pour qui l'objectif intellectuel de la science ne constitue généralement pas une préoccupation prioritaire. Tel est sans doute l'origine du grand malentendu qui perdure entre le monde scientifique et le public, et dans lequel viennent s'engouffrer les ambitions financières, idéologiques ou politiques des uns et des autres.

Au jour le jour…

Le projet REFLEX[15], financé par l'Union européenne et coordonné par le professeur Franz Adlkofer (de la Verum Fondation de Munich), a impliqué des chercheurs de sept pays durant 52 mois, du 1er février 2000 au 31 mai 2004.

Ce projet était limité à l'étude de l'impact des ondes de téléphonie mobile au niveau cellulaire et moléculaire (études de type biologique). Près de 200 études de ce type ont été publiées dans le cadre du projet, concernant principalement les effets génétiques, ainsi que les perturbations éventuelles du développement embryonnaire et du système immunitaire.

Résultats: la plupart des études n'ont montré aucun effet potentiellement pathogène des rayonnements considérés. Toutefois, quelques-unes d'entre elles mettent en évidence des risques qui ne peuvent être ignorés. Ainsi, certaines protéines ont été détériorées par des intensités de rayonnement comparables à celles d'un téléphone mobile utilisé normalement. Des dégâts ont également été observés au niveau de l'ADN de certaines cellules.

Franz Adlkofer, *REFLEX*, Conférence COST 281, Bruxelles, 2001.

En ce qui concerne les restrictions de base en matière de téléphonie mobile, les données scientifiquement établies ont conduit à fixer un maximum de 1°C pour l'échauffement des tissus. De là, le TAS (taux d'absorption spécifique, SAR en anglais) est limité à 2 watts par kilogramme, pour les téléphones mobiles; et pour le champ électromagnétique rayonné par les antennes-relais en des lieux où se trouvent des personnes, la composante électrique est limitée à 41 V/m pour la 1re bande (900 mégahertz), à 58 V/m pour la 2e bande (1800 mégahertz) et à 61 V/m pour l'UMTS.

Ces recommandations s'appuient donc uniquement sur les effets nocifs de l'échauffement, du fait que seul ce type d'effet remplit les conditions de

[15] REFLEX: *Risk Evaluation of Potential Environmental Hazards From Low Energy Electromagnetic Field Exposure Using Sensitive in vitro Methods*, que l'on peut traduire par: Évaluation des risques environnementaux potentiels, dus à l'exposition à des champs électromagnétiques de basse énergie, par des méthodes *in vitro* sensibles.

la preuve scientifique. Mais faut-il vraiment que des recommandations, dont le but est de protéger la population, s'en tiennent de manière exclusive aux conclusions qui remplissent les critères intellectuels de la science ? Ne vaudrait-il pas mieux tenir compte également de certains résultats apparemment inquiétants, même s'ils ne sont pas encore validés scientifiquement ? Nous reviendrons au chapitre 5 sur cette délicate question.

En ce qui concerne les effets non thermiques des rayonnements de la téléphonie mobile, la connaissance en est au stade exploratoire, surtout pour ce qui touche aux techniques les plus récemment mises sur le marché, comme l'UMTS. Malgré le nombre important d'études (plusieurs milliers) réalisées sur ce sujet, on peine à dégager des conclusions qui ne soient pas contredites par d'autres. Dans cette situation, certains ont cherché à sélectionner les études les plus rigoureuses et tenté d'en établir une synthèse, comme nous l'avons mentionné précédemment dans la rubrique **Au jour le jour...**

Une autre approche consiste à lancer des projets nationaux ou internationaux, centrés sur des thèmes bien délimités, et impliquant plusieurs instituts de recherches soumis à des critères communs. Par ce moyen, on peut espérer aboutir à des conclusions relativement cohérentes, même s'il ne s'agit que d'un domaine restreint, comme par exemple une pathologie particulière, ou encore un type d'étude particulier (toxicologique, épidémiologique…). Telle fut la motivation des projets INTERPHONE et REFLEX.

Autres applications

Diverses technologies plus ou moins récentes ont donné lieu à des études ponctuelles non confirmées.

De plus en plus de cartes plastiques (format des cartes de crédit) sont équipées de dispositifs d'identification sans contact, appelés RFID (*Radio Frequency Identification*). Concrètement, cela signifie qu'il devient possible de payer ou de commander l'ouverture d'une porte, par exemple, sans introduire la carte dans un terminal, mais simplement en la présentant à une certaine distance du lecteur (de l'ordre de 1 à 2 centimètres). Mais cela signifie aussi que la communication entre la carte et le détecteur s'effectue par ondes électromagnétiques, à l'aide de fréquences typiquement comprises, pour le moment, entre quelques centaines de mégahertz et 10 gigahertz.

Or on ne dispose pratiquement d'aucune donnée sur les champs que ressent la main de l'utilisateur, lorsqu'il approche sa carte du détecteur. Et moins encore sur le type d'exposition à laquelle est soumis le personnel d'exploitation. En effet, la source d'énergie, qui permet la communication entre la carte et le détecteur, se trouve évidemment dans le détecteur (et non dans la carte).

Dans certains transports publics (tramways, autobus...), un tel détecteur (servant au contrôle des titres de transport) est placé à proximité du chauffeur, exposé ainsi durant plusieurs heures par jour au rayonnement émis par le système.

À part le téléphone mobile, d'autres appareils électroniques se trouvent parfois portés par l'utilisateur durant plusieurs heures par jour, tels les agendas électroniques (*PDA: Personal Digital Assistant*). Toutefois, on ne dispose pas d'informations fiables à ce sujet, non seulement en ce qui concerne d'éventuels effets sur la santé, mais même pour ce qui touche à la manière de mesurer de tels rayonnements.

Limite recommandée pour le champ électrique à 2,45 gigahertz: 61 V/m pour le public; 137 V/m pour les travailleurs.

Par ailleurs, de plus en plus d'appareils communiquent sans fil, dans la bande de fréquences ISM (équipement Industriel, Scientifique et Médical), autour de 2,45 gigahertz. Cette fréquence est la même que celle utilisée par les fours à micro-ondes, mais évidemment avec des puissances bien plus faibles. Les applications Bluetooth par exemple, qui permettent de connecter sans fil un ordinateur ou un téléphone mobile à ses accessoires, sont limitées à un dixième de watt, les distances entre les objets à connecter n'excédant pas 10 mètres.

Toutefois, l'utilisation d'une oreillette sans fil, par exemple, implique que l'objet rayonne à très courte distance du cerveau (à l'intérieur même de l'oreille). Comme de surcroît les enfants – groupe sensible – se montrent friands de ce genre de gadgets, l'existence d'un risque ne saurait être exclue, même si les intensités des champs électromagnétiques respectent les recommandations actuellement admises.

5 Les limites légales sont-elles assez sévères ?

Les recommandations internationales

Les considérations précédentes laissent entrevoir que la détermination des seuils pathologiques des champs électriques et magnétiques nécessite des expériences complexes et nombreuses. De fait, ce sont près de 20 000 publications scientifiques qui, depuis une trentaine d'années, ont traité de ce sujet ; et la tendance n'est pas à la baisse !

Un organisme international s'est donné pour mission de réunir et d'analyser les comptes rendus d'expériences, d'évaluer leur niveau de crédibilité et d'en tirer des recommandations sur les intensités de champ à ne pas dépasser. En effet, tous les résultats des expériences réalisées dans le monde sur les effets biologiques des champs électriques et magnétiques non ionisants sont récoltés par l'ICNIRP (*International Commission on Non-Ionizing Radiation Protection*).

L'ICNIRP

Fondée en 1974 avec son siège à Oberschleissheim-Neuherberg (en Allemagne, près de Munich), émanation de l'IRPA (*International Radiation Protection Association*), l'ICNIRP évalue les résultats publiés dans le domaine de l'effet des champs électromagnétiques sur la santé et propose des recommandations dont les États puissent s'inspirer pour légiférer. Selon ses statuts, l'ICNIRP refuse tout fonds provenant de l'industrie et les membres de sa Commission de direction ne peuvent travailler pour l'industrie, ni occuper aucune fonction qui nuirait à leur indépendance scientifique.

On notera que l'ICNIRP prend également en compte les effets nocifs des ondes lumineuses, infrarouges et ultraviolettes. Pourtant, les législations nationales sur la protection contre les champs électromagnétiques ne traitent généralement pas de ces rayonnements, d'une part parce qu'avec une fréquence supérieure à 300 GHz, ils sortent de la catégorie des rayonnements strictement non ionisants, d'autre part parce qu'étant principalement issus du soleil (tout au moins pour ce qui concerne le grand public), il ne saurait être question d'en prévenir les méfaits en imposant des limites légales à l'intensité de la source ! Par ailleurs, l'ICNIRP se préoccupe également des effets nocifs des ondes sonores (y compris les infrasons et les ultrasons) qui ne sont pas de nature électromagnétique.

Pour l'ICNIRP, la protection de la santé des personnes concerne exclusivement l'action des champs sur les organes du corps humain. Les éventuels effets perturbateurs que les champs pourraient produire sur des prothèses, en particulier sur les stimulateurs cardiaques, n'entrent pas dans les préoccupations de cette institution. De tels effets appartiennent au cadre plus général de la *compatibilité électromagnétique* entre rayonnements potentiellement perturbateurs et équipements potentiellement perturbés. Ces problèmes font l'objet d'une normalisation pléthorique de la part d'autres organismes, telle la Commission électrotechnique internationale (CEI) ou le Comité international spécial des perturbations radioélectriques (CISPR).

L'OMS

Parallèlement à l'ICNIRP, l'OMS a lancé en 1996 un projet international d'évaluation des effets des champs électromagnétiques sur la santé et sur l'environnement (*International EMF Project*). Dans le cadre de ce programme, l'OMS organise des rencontres avec divers organismes internationaux, dont l'ICNIRP, l'Union internationale des télécommunications (UIT), l'*Institute of Electrical and Electronics Engineers (IEEE)*, etc., ainsi qu'avec les organisations nationales de santé.

Des résumés de toutes les publications répertoriées dans le cadre de ce projet sont consultables sur Internet[1]. Cette base de données permet d'effectuer des recherches par bande de fréquences, par type d'étude (étude de cohorte, étude cas-témoins, biologiques…), par type de pathologie, par pays, etc.

Les limites d'exposition par fréquence

Rappelons schématiquement les principes décrits dans le chapitre 3, tels qu'adoptés par l'ICNIRP pour édicter des recommandations internationales :

1. Dans un organisme vivant, on sait que les rayonnements non ionisants produisent des *effets généraux*, et il semble probable qu'ils engendrent des *effets spécifiques*. Les effets généraux découlent directement des lois de la physique

[1] La base de données du projet EMF de l'OMS est consultable à l'adresse Internet : http ://www.who.int/peh-emf/research/database/emfstudies/

et sont donc incontestables : il s'agit des courants électriques induits dans le corps (à basse fréquence) et de l'échauffement des tissus (à haute fréquence). Quant aux effets spécifiques, ils pourraient concerner n'importe quelle fonction particulière de n'importe quel composant microscopique ou macroscopique de l'organisme.
Pour l'instant, seuls les effets généraux sont considérés, par l'ICNIRP et par l'OMS, comme scientifiquement prouvés.

2. Les recherches scientifiques conduisent à reconnaître comme pathologique une certaine densité de courants induits et un certain degré d'échauffement. Ces *seuils pathologiques* sont différents pour chaque fréquence.

3. En appliquant un certain facteur de sécurité à ces seuils pathologiques, on arrive à une *restriction de base*. Par exemple, on a indiqué précédemment qu'une densité de courant de 0,1 A/m^2 est connue pour provoquer des effets pathologiques sur le système nerveux, à la fréquence du réseau électrique (50 hertz). Or l'ICNIRP a adopté un facteur de sécurité de 10 pour les travailleurs et de 50 pour le public. Ainsi, la restriction, dans toute la tranche des basses fréquences allant jusqu'à 1000 hertz, est de 0,01 A/m^2 pour les travailleurs et 0,002 A/m^2 pour le public.
Comment choisit-on le facteur de sécurité ? Si la science pouvait conduire à des certitudes absolues, les facteurs de sécurité ne serviraient à rien : on pourrait se contenter de ne pas dépasser le seuil pathologique. Mais en pratique, il en va différemment. Le seuil pathologique est établi sur des groupes limités de personnes. Peut-être n'y avait-il pas d'enfants dans ces groupes ; ou pas de femmes enceintes ; ni de personnes atteintes de maladies chroniques ou consommant régulièrement des médicaments qui pourraient les affaiblir vis-à-vis des rayonnements. Dans d'autres cas, on ne dispose que de résultats obtenus sur des animaux. Ou encore, les conditions expérimentales ne sont pas jugées suffisamment représentatives de toutes les situations de la vie quotidienne : on peut mesurer, en laboratoire, l'échauffement du cerveau que produit un téléphone mobile. Mais que devient cet échauffement si l'utilisateur téléphone sur la plage, en plein soleil, en pleine canicule ?
On l'aura compris, pour chaque fréquence, le facteur de sécurité tente de tenir compte des différentes incertitudes que laisse subsister la connaissance scientifique du moment.

4. Les *restrictions de base*, portant sur les courants induits dans le corps et l'échauffement des tissus, ne sont pas directement utilisables car ces grandeurs ne peuvent être mesurées que dans des conditions de laboratoire très particulières. Ce que l'on mesure, en pratique (dans une maison, sur un lieu de travail...), ce sont les champs électriques et magnétiques. Il s'agit donc de

traduire les restrictions de courant et d'échauffement en une limite d'intensité du champ électrique ou/et magnétique.

Pour cette « traduction », on dispose des lois de la physique d'une part et des modèles d'organes humains d'autre part. Ces modèles peuvent être virtuels (simulés sur ordinateur) ou réels. C'est ainsi que certaines entreprises se sont spécialisées dans la préparation de mélanges plus ou moins liquides, censés présenter les mêmes caractéristiques qu'un cerveau humain. Le laboratoire qui voudrait étudier l'échauffement produit par un émetteur Wi-Fi, pourra donc travailler confortablement sur un mannequin contenant ce liquide, plutôt que sur un cerveau réel.

Les intensités de champs qui, pour une fréquence donnée, garantissent (autant que faire se peut) le respect des restrictions de base, sont appelées *niveaux de référence*. Les *recommandations* de l'ICNIRP consistent essentiellement à ne pas dépasser les niveaux de référence, là où des personnes peuvent se trouver.

Le graphique de la figure 5.1 montre comment se présentent les niveaux de référence pour le champ magnétique (en traitillé) et pour le champ électrique (en trait plein).

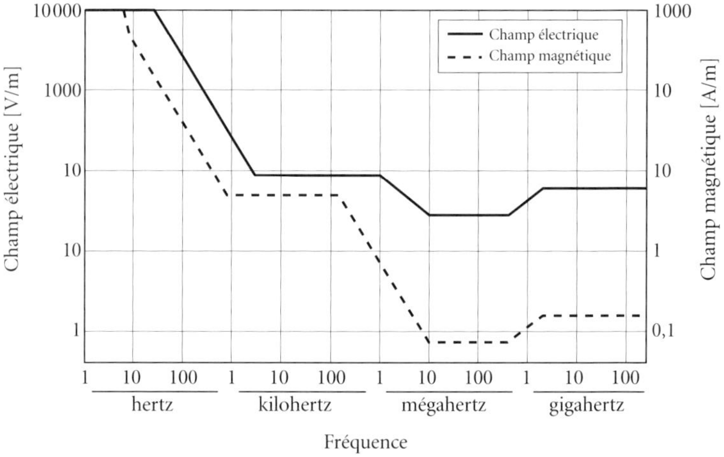

Fig. 5.1 Niveaux de référence recommandés par l'ICNIRP.

Les limites d'exposition par sommation

Outre les limites recommandées pour chaque fréquence considérée isolément, l'ICNIRP proposent des formules mathématiques permettant d'« additionner » en quelque sorte des champs de différentes fréquences. Du fait de la nature ondulatoire des rayonnements, une simple addition des intensités n'aurait pas de sens. Les formules proposées tiennent compte d'un cumul des effets des champs, tant du point de vue des courants induits dans le corps que de celui des échauffements de tissus.

L'art de la recommandation

Réunir l'ensemble des connaissances acquises par des méthodes scientifiquement reconnues paraît constituer un point de départ prometteur, en ce qui concerne la prévention. Cependant, si la notion de *méthode scientifique* ne donne généralement pas lieu à contestation, il n'en va pas de même de celle de *preuve scientifique* : à partir de quel moment, la méthode scientifique aboutit-elle à une preuve scientifique ?

La preuve scientifique ne saurait être considérée comme une preuve absolue. Non seulement parce que le concept de *preuve absolue* ressortit à la superstition, mais aussi parce que, dans le cadre même de la science, les critères de la preuve ont varié au cours de l'histoire et ne sont toujours pas consensuels. Les polémiques actuelles autour du réchauffement climatique nous en donnent un exemple frappant, où certains « prouvent » la responsabilité de l'être humain dans le réchauffement par des modèles mathématiques, alors que d'autres contestent à de tels modèles la capacité de prouver quelque chose.

Or il apparaît que des institutions comme l'ICNIRP et l'OMS ont choisi de s'en tenir à ce que l'on pourrait appeler un « noyau dur » de la preuve scientifique, tout le reste étant rejeté comme *non prouvé scientifiquement*. Si un tel choix peut se justifier dans le cadre d'une analyse qui viserait uniquement la connaissance intellectuelle la plus rigoureuse possible, il devient plus tendancieux lorsque le but est de produire des recommandations de santé publique.

Selon les principes adoptés par ces institutions internationales, tant qu'elle n'est pas scientifiquement confirmée, une étude réalisée selon des protocoles reconnus se voit néanmoins rejetée, et cela de la même manière que celles dont les procédures étaient clairement défectueuses. Ainsi, le moindre doute qui subsiste au sujet d'un risque conduit à renoncer à toute recommandation en termes de prévention.

Dans un document de 30 pages, publié par l'ICNIRP en 2001, le mot « preuve » apparaît exactement dix fois, et toujours dans des phrases négatives[2] : « *Il n'existe pas de preuve de [...] des études récentes n'ont pas apporté la preuve [...] les études en laboratoire n'offrent guère de preuves d'un effet...* ».

---

[2] ICNIRP, « Guide pour l'établissement des limites d'exposition aux champs électriques, magnétiques et électromagnétiques », dans : *Cahiers de notes documentaires – Hygiène et sécurité au travail*, n° 182, 1er trimestre 2001.

Apparemment, pour l'ICNIRP, le mot « preuve » sert uniquement à dire qu'il n'y en a pas !

De fait, les prises de position de l'ICNIRP et de l'OMS sont de plus en plus contestées, non seulement par des associations qui se donnent pour mission de condamner telle ou telle source de rayonnement, mais aussi par les scientifiques eux-mêmes. Sans aller jusqu'à prétendre que ces institutions cèdent à des groupes de pression, sans préconiser non plus (comme Ulrich Beck dans son fameux ouvrage *La Société du risque*) que la science renonce à ses critères de preuves, nous penchons tout de même, en matière de prévention, pour la reconnaissance – parallèlement à la preuve scientifique – d'une *présomption scientifique*: risques mis en évidence par des expériences scientifiques correctement réalisées, mais incomplètement validées.

Dans le même ordre d'idée, le docteur Bertrand Kiefer, directeur du groupe Médecine et Hygiène et rédacteur en chef de la *Revue médicale suisse*, remarquait dans une interview récente que seuls 20% des actes d'un médecin généraliste bénéficient d'une efficacité prouvée scientifiquement[3]. Faut-il pour autant renoncer à 80% des pratiques médicales actuelles ? Les effets thérapeutiques de l'acupuncture n'ont pu être expliqués scientifiquement que depuis une dizaine d'années, ce qui n'a pas empêché cette méthode de soigner des millions de Chinois durant des siècles. Répétons que la preuve scientifique vise un but intellectuel, celui d'une connaissance objective du monde, et non un but utilitaire. Sur le terrain de la pratique (et sur celui de la santé en particulier), la preuve scientifique rigoureuse constitue sans doute une exigence excessive.

Les politiques nationales

Avec les recommandations relatives aux valeurs d'exposition, les États soucieux de protéger leur population contre les risques liés aux rayonnements non ionisants disposent d'informations dont ils peuvent user à leur guise, pour légiférer et prodiguer des conseils à leur population. Les deux aspects sont d'ailleurs complémentaires. Les législations permettent d'imposer des valeurs limites aux rayonnements des installations fixes (lignes à haute tension, émetteurs radio, stations de base de téléphonie mobile…). Mais pour les équipements mobiles, en particulier les appareils électroménagers, à quoi bon imposer une limite de rayonnement pour chaque objet, si par ailleurs rien n'empêche tout un chacun de s'entourer d'une quantité illimitée d'appareils, et de les installer n'importe où ?

---

[3] Radio suisse romande La Première, interview de Bertrand Kiefer dans l'émission *Impatience* du 24 décembre 2007.

Le cas du téléphone mobile se présente un peu différemment : une limite est fixée au rayonnement (un SAR au maximum égal à 2 watts par kilogramme), étant admis que l'on n'utilise pas plus d'un téléphone à la fois. Néanmoins cette restriction ne dit rien sur d'autres paramètres qui pourraient jouer un rôle dans une éventuelle nocivité, telle la durée d'utilisation par exemple. Dans ce cas aussi, des informations relatives aux précautions à prendre pour éviter des risques inutiles se justifient et répondent d'ailleurs à une demande assez forte du public.

Quant à la législation, chaque État est libre d'introduire telles quelles les recommandations de l'ICNIRP dans ses lois, d'en adopter de plus sévères, de moins sévères, ou encore de renoncer à légiférer dans ce domaine. En pratique, la plupart des pays qui légifèrent le font en adoptant les recommandations de l'ICNIRP. Toutefois, certains d'entre eux (ou certaines régions) ont défini des zones particulières où s'appliquent des restrictions plus sévères.

La région de Madrid interdit la construction de ligne à haute tension près des écoles et des jardins publics. Le Royaume-Uni, l'Espagne, la Suède, la Norvège et l'Australie interdisent la construction de maisons à moins de 90 mètres (300 pieds) de lignes à haute tension.

Les limites d'installation

En mars 2004, lors d'un congrès international consacré à l'électromagnétisme, qui s'est tenu à Pise (Italie), une chercheuse polonaise présenta un tableau comparatif des limites fixées par les législations de différents pays, pour la protection des personnes contre les rayonnements non ionisants[4] : la Suisse y apparaissait en première place, avec la législation dite « la plus sévère du monde ». À la fin de l'exposé, un auditeur posa la question suivante :

– *Si la Suisse a jugé bon d'adopter ce genre de restrictions, pourquoi les autres pays ne le font-ils pas ?*

Réponse de la conférencière (après une seconde d'hésitation) :

– *Parce que la Suisse est un pays riche !*

En effet, une évaluation réalisée par les entreprises électriques helvétiques arrive à la conclusion qu'il en coûtera 700 millions de francs, à la charge des compagnies concernées, pour assainir toutes les installations de distribution d'électricité du pays[5]. Notez que l'on ne parle ici que du réseau électrique

---

4 Halina Aniolczyk, « Electromagnetic Fields from Devices, Installations, and Systems in Protection of Humans in Occupational Environment », dans : Proc. *Progress in Electromagnetic Research Symposium*, Pise, 28-31 mars 2004, pp. 879-882.

5 Verband Schweizerischer Elektrizitätunternehmen, « Wirtschaftliche Konsequenz der NIS-Verordnung für bestehende Anlagen », dans : *Bulletin SEV/VSE* n° 22, 2002, pp. 35-36.

existant : il n'y est donc question ni des surcoûts des futures installations, ni bien sûr du réseau de chemin de fer ou de toutes les autres sources de rayonnements mentionnées précédemment.

Or la sévérité particulière de la législation suisse ne tient pas aux valeurs limites d'exposition, qui ne sont rien d'autres que celles recommandées par l'ICNIRP, mais aux valeurs limites dites « d'installation ». Comme on l'a expliqué au chapitre 3, les valeurs d'exposition aux rayonnements sont mesurées en un point donné, indépendamment des sources qui les produisent. Inversement, la valeur d'installation est l'intensité du rayonnement produit en ce point, par une source particulière.

À titre d'exemple, considérons le champ magnétique que produit le réseau électrique. En un point donné où peuvent se trouver des personnes, la valeur totale du champ magnétique à 50 hertz (fréquence du réseau électrique) ne doit pas dépasser 80 A/m (valeur recommandée par l'ICNIRP). Mais en outre, lorsque ce champ total provient de plusieurs sources (lignes à haute tension, transformateurs de distribution, etc.), la Suisse impose à chacune de ces sources prises individuellement une limite de 0,8 A/m, soit 100 fois moins que le total. Pour la téléphonie mobile, les limites d'installation applicables en Suisse sont 10 fois plus basses que les limites d'exposition recommandées, soit 4 V/m pour la première bande à 900 MHz et 6 V/m pour la deuxième bande à 1800 MHz. Ces limites d'installation ne s'appliquent toutefois que dans les zones dites « sensibles », c'est-à-dire où des personnes peuvent séjourner plus de 2 heures par jour.

En Suisse, ces limites d'installation sont officiellement présentées comme de la « prévention », alors qu'en réalité il s'agit bel et bien d'un principe de précaution. Habituellement, on appelle en effet « prévention » l'ensemble des mesures dictées par des *risques avérés*, alors que la « précaution » prétend éviter des *risques potentiels*. En pratique, si les limites d'exposition sont presque toujours respectées, les limites d'installation, en revanche, sont souvent dépassées, imposant de ce fait aux exploitants l'obligation d'assainir leurs installations. Remarquons d'ailleurs que lorsqu'une seule installation est présente en un endroit, la limite d'installation devient, de fait, une limite d'exposition. C'est dans ce sens-là que l'on peut qualifier la législation Suisse de sévère.

Là encore cependant, d'autres pays, régions ou villes ont également fixé, pour des installations particulières, des limites parfois plus sévères que celles qui prévalent en Suisse. L'Italie, la Pologne, la Russie et la Chine limitent le rayonnement de la téléphonie mobile à 6 V/m ; le Luxembourg est le plus sévère avec une limite à 3 V/m. Par ailleurs, la Ville de Paris a négocié avec les opérateurs une moyenne journalière n'excédant pas 2 V/m, une telle moyenne étant toutefois difficilement comparable avec les maxima sur 6 minutes que préconise l'ICNIRP. Pour sa part, la ville de Salzbourg (Autriche) s'est fait connaître par sa limite particulièrement basse à 0,6 V/m. La Toscane limite les rayonnements de ce type à 0,5 V/m. La Nouvelle-Zélande prévoit de descendre à 0,2 V/m d'ici à l'an 2010.

Le principe de précaution

Avant de répondre à la question de l'application dudit principe, le bon sens exigerait que l'on s'astreigne à en donner une formulation précise et applicable. Peut-être convient-il ici de rappeler la genèse du principe de précaution, et ce qui a semblé le rendre nécessaire, à un certain stade d'avancement des techniques.

Jusqu'au début du 20e siècle, les conséquences fâcheuses d'une invention technique restaient, le cas échéant, assez limitées au nombre restreint des privilégiés qui pouvaient l'utiliser. Et le progrès avançait à un rythme permettant de résoudre les problèmes que posait une technologie, avant de passer à la suivante. Mais dans la seconde moitié du siècle, les découvertes, ainsi que les enjeux commerciaux associés, commencèrent à s'emballer : aujourd'hui des objets, tel le téléphone mobile, se répandent en quelques années dans une fraction significative de l'humanité. Les risques potentiels qui pourraient en découler concernent donc des centaines de millions de personnes ; et surtout, la science est loin de disposer du temps nécessaire pour évaluer ces risques, avant que de nouvelles techniques envahissent déjà le marché, elles-mêmes porteuses de nouveaux risques potentiels (Wi-Fi, Wimax, DAB, DVB-H, etc.)

Que faire, face au déferlement toujours plus rapide de nouvelles technologies et à l'impossibilité de quantifier les risques – ou à en établir plausiblement l'inexistence – au rythme où apparaissent ces applications nouvelles ? Ne prendre aucune précaution paraissant inacceptable aux yeux du citoyen moderne, assoiffé de sécurité absolue, l'idée émergea de poser un principe, censé protéger l'être humain ou l'environnement sans attendre les conclusions de la science. Selon la formulation adoptée lors de la Conférence sur la diversité biologique de Rio en 1992 :

> *«En cas de risque de dommages graves ou irréversibles, l'absence de certitude absolue ne doit pas servir de prétexte pour remettre à plus tard l'adoption de mesures effectives.»*

Une législation française de 1995, connue sous le nom de *Loi Barnier*, est considérée comme la première introduction explicite du principe de précaution dans une législation nationale :

> *«L'absence de certitudes, compte tenu des connaissances scientifiques et techniques du moment, ne doit pas retarder l'adoption de mesures effectives et proportionnées visant à prévenir un risque de dommages graves et irréversibles à un coût économiquement acceptable.»*

Au premier abord, ces formulations peuvent paraître raisonnables. Mais une analyse plus précise appelle trois remarques.

Premièrement, ces textes se réfèrent à la notion de certitude – et même de certitude *absolue* – en relation avec la connaissance scientifique. Or l'idée que la science conduit à la certitude s'apparente à un préjugé de type scientiste. La certitude est un état d'esprit qui souvent se passe fort bien de preuve, qu'elle soit scientifique ou d'une autre nature. De son côté, la preuve scientifique n'est qu'une procédure sur laquelle les scientifiques se sont mis d'accord entre eux, considérant qu'il s'agit du moyen le moins mauvais, connu actuellement, pour maximiser l'objectivité des connaissances.

On aurait tort de croire que ces considérations semi-philosophiques nous éloignent du sujet: les dialogues de sourds, qui abondent en matière de nocivité des rayonnements, doivent beaucoup aux attentes irréalistes vis-à-vis de la science et aux illusions relatives à la place qu'elle occupe à côté d'autres démarches, citoyennes et politiques. Aucun débat fructueux ne sera possible tant que l'on identifiera implicitement la science à la certitude.

Deuxièmement, le principe de précaution tel qu'énoncé ci-dessus préconise de prendre des mesures *effectives*, *proportionnées*, *économiquement supportables*, afin de prévenir des dommages *graves* et *irréversibles*, et cela sans se fonder sur d'impossibles certitudes scientifique. Soit! Mais alors, en se fondant sur quoi?

Tout d'abord, comment se convaincra-t-on que les dommages pourraient être *graves et irréversibles*? Ensuite, sur quoi va-t-on s'appuyer pour établir que les mesures prises sont *effectives* et *proportionnées*? Le moins que l'on pourrait attendre d'un principe résolument tourné vers l'action serait qu'il en définisse les fondements, en précisant lesquels il accepte, et pas seulement lesquels il rejette. Il apparaît donc que, même sous sa forme apparemment la plus mûrement réfléchie, le principe de précaution consiste essentiellement à prendre des mesures fondées sur rien, pour faire face à un risque dont on ne sait pas grand-chose… La guerre dite *préventive*, chère à une certaine administration américaine, fonctionne en réalité selon la logique du principe de précaution, avec les résultats que l'on sait.

Des précautions prises dans ces conditions ne sont jamais adéquates, sauf par hasard: soit elles ne sont pas effectives, soit elles se révèlent disproportionnées (dans un sens ou dans l'autre: insuffisantes ou au contraire excessives); et leur coût reste impossible à justifier. Au sujet du coût en particulier, un célèbre document du gouvernement suédois est assez édifiant. En 1996, ce pays fit œuvre de pionnier en annonçant l'application du principe de précaution en matière de construction des lignes à haute tension, compte tenu en particulier du risque – non totalement exclu – de leucémie infantile[6]. Et aujourd'hui encore, la Suède reste fréquemment citée comme un exemple à suivre en la matière. Or selon le document en question, il s'agit « *d'entreprendre des efforts* » afin d'éloigner les lignes des zones occupées par des habitations, des écoles, etc., lorsque cela est possible « *à un coût raisonnable* ».

Mais qu'est-ce qu'un *coût raisonnable* pour sauver chaque année la vie d'un enfant sur 10 000, puisque tel est approximativement le nombre de leucémies induites par les lignes à haute tension (selon les études les plus pessimistes) ? Le document en question répond qu'il est généralement raisonnable de dépenser un million de dollars pour sauver une vie ; mais précise aussi que le déplacement d'une ligne à haute tension peut coûter jusqu'à 50 millions de dollars... Comprenez : un coût largement déraisonnable ! Autant dire que l'exemple suédois confirme surtout l'impossibilité pratique d'appliquer le principe de précaution.

Enfin, la troisième remarque porte sur le fait que le vide méthodologique du principe de précaution présente deux effets nocifs : d'une part il ouvre la porte à tous les extrémismes, dont le plus connu consiste à vouloir tout interdire ; d'autre part, il exerce une fascination incontrôlable sur tous ceux que la science énerve et qui rêvent d'organiser la société sans elle. Or un tel rêve ne se justifie pas, car même si la *certitude scientifique* n'existe pas et même si la *preuve scientifique* n'est qu'une procédure parmi d'autres, la *méthode scientifique*, quant à elle, reste la moins aléatoire et la plus efficace des méthodes connues pour faire progresser la compréhension d'un problème du genre dont il est question ici.

Quant à fonder l'action, nous estimons que cette connaissance, toujours en évolution et issue de la méthode scientifique, devrait servir à la mise en œuvre d'un *principe de vigilance*, dont il sera question plus loin. Mais avant cela, passons en revue quelques conséquences néfastes du principe de précaution qui, invoqué de manière quasi incantatoire, sert de prétexte à réclamer des interdictions pures et simples. Que penser de l'idée de renoncer complètement à une technique ?

---

6 *Low-frequency Electrical and Magnetic Fields : The Precautionary Principle for National Authorities - Guidance for Decision Makers*, 1996.

Le risque initial

Aucune technique n'aurait jamais pu se développer si un minimum de risques n'avait pas été accepté à ses débuts. Pour revenir plus précisément au sujet de cet ouvrage, si la société avait exigé des pionniers de la radio qu'ils démontrent l'innocuité totale des ondes hertziennes avant de construire un émetteur, aujourd'hui encore la radio n'existerait pas. Même après un bon siècle de communications radiophoniques, l'innocuité de ces ondes n'est pas mieux établie que celle des rayonnements de téléphonie mobile. On remarque d'ailleurs que les risques potentiellement liés aux ondes radio sont fort peu étudiés aujourd'hui, tant il est vrai que la « peur de la radio » semble largement passée de mode.

Signalons par analogie qu'il existe plus de deux millions de substances chimiques utilisées dans l'industrie ou vendues dans le commerce ; que seules 10% de ces substances ont fait l'objet d'études toxicologiques ; et que moins de mille d'entre elles ont donné lieu à des normes fixant des limites d'exposition.

Pourquoi faudrait-il qu'il en aille autrement des champs électromagnétiques ? Doit-on, au nom du principe de précaution, exiger la preuve de la totale innocuité, à long terme, d'une technologie utilisant des champs électromagnétiques, avant d'autoriser sa commercialisation ? C'est une option possible, un « choix de société » théoriquement envisageable. Mais la cohérence prescrirait alors que l'on ait la même exigence pour un nouveau cosmétique, un nouveau détergent ou un nouvel alicament. Or l'expérience montre qu'il n'en est rien. Curieusement, les effets à long terme du « nouveau dentifrice au Siwak » ou du « nouveau yaourt au bifidus actif » ne semblent inquiéter personne, alors même que des études inquiétantes ont été publiées à ce sujet[7].

Par ailleurs, en ce qui concerne la superposition des nuisances (appelée généralement *effets combinés*), on peut remarquer que les connaissances sont relativement plus développées au sujet des champs électromagnétiques que pour les substances chimiques. On dispose en effet de formules mathématiques permettant d'évaluer l'impact total d'une superposition de plusieurs champs (tout au moins en ce qui concerne les effets généraux des champs). En revanche, les additifs alimentaires, pour ne citer qu'eux, ne font l'objet que d'évaluations individuelles et aucun modèle ne permet de prévoir, même approximativement, les effets combinés de plusieurs de ces substances. Est-ce bien raisonnable ?

---

[7] Aline CLERC, « Tragique expérience aux Pays-Bas », dans : *FRC Magazine* n° 7, avril 2008, pp. 24-25.

L'omniprésence d'additifs, dans pratiquement tous les aliments disponibles sur le marché, fait que chacun d'entre nous cumule quotidiennement l'absorption de plusieurs d'entre eux. Or des chercheurs britanniques viennent de découvrir, presque par hasard, que la combinaison de l'agent conservateur E211 et de divers colorants couramment utilisés en confiserie pourrait induire certains troubles du comportement chez l'enfant[8]. Et ce n'est probablement qu'un début.

Le risque inverse

On oublie trop souvent que si une technique comporte un risque, le fait d'y renoncer implique un risque inverse ; l'occasion de citer encore Bertrand Russel : « *Celui qui court le plus grand risque sur cette Terre est celui qui ne veut jamais prendre le plus petit risque.* » Dans les premiers temps de la radio, ce mode de communication sans fil – autrement dit par des champs électromagnétiques – conquit ses lettres de noblesse en grande partie grâce à l'affaire du *Republic* : en 1909, ce paquebot portant 710 passagers et hommes d'équipage fut percuté, dans un épais brouillard, par le *Florida*, qui y provoqua d'importants dégâts. Le télégraphiste du *Republic* communiqua immédiatement par radio les coordonnées du navire. Bientôt, plusieurs bateaux des environs affluèrent vers le lieu de l'accident et sauvèrent tout le monde, après quoi le *Republic* disparut dans les flots. Pour la première fois, les ondes hertziennes avaient sauvé des vies.

Plus près de nous, dès 1996, le professeur Leif Stalford, de l'Université de Lund en Suède, publia plusieurs études mettant en évidence une action des rayonnements de la téléphonie mobile sur la barrière hémato-encéphalique, celle-ci devenant plus perméable à certaines molécules nocives pour les neurones. Pourtant Stalford, dans une interview de février 2004, loin de manifester le même alarmisme que ceux qui brandissent ses résultats en affirmant que le « téléphone tue », rappela à son interlocuteur que « *le téléphone mobile est une merveilleuse invention ; il a probablement sauvé des milliers de vie* »[9].

La barrière hémato-encéphalique (aussi appelée barrière sang-cerveau) est constituée des parois des vaisseaux capillaires cérébraux : contrairement aux capillaires du reste du corps, ceux du cerveau présente une membrane très filtrante, empêchant le passage de molécules nocives pour les neurones. Une augmentation durable ou récurrente de la perméabilité de cette barrière pourrait engendrer des pathologies au niveau neurologique.

---

8 Aline CLERC, « Jeunes hyperactifs, colorants sur liste rouge », dans : *FRC Magazine* n° 3, nov. 2007, p. 15.

9 Elisabeth SVOBODA, « A Swedish Study Links Mobile Phones to Brain Damage. In Rats, Anyway », dans : *Popular Science Magazine*, février 2004.

On touche en effet ici à un point intéressant de la perception subjective des risques. Qu'une seule personne meurt d'un cancer du cerveau pour avoir usé ou abusé d'un téléphone mobile, et le risque sera jugé inacceptable. En revanche, on accepte comme une fatalité que des milliers de gens soient morts avant cette invention, faute d'avoir pu appeler des secours.

Dans le même registre, le docteur George Carlo, mentionné plus haut, qui se bat depuis des années pour faire reconnaître ce qu'il estime être un danger mortel des téléphones mobiles, ne préconise nullement de l'interdire. Il demande seulement que ces appareils soient vendus avec une oreillette, de manière à pouvoir les utiliser éloignés du visage; lui-même utilise son téléphone de cette manière. Même si le fanatisme n'hésite pas à se référer à la science quand ça l'arrange, les deux attitudes restent définitivement irréconciliables.

Pour décider d'accepter ou de rejeter une technologie, il importe donc d'examiner les avantages et les risques que présente chaque option. L'attitude, un peu trop répandue, qui consiste à exiger tous les avantages et à refuser tous les inconvénients d'une technique, relève tout simplement de l'infantilisme. Comme l'enfant qui veut absolument aller au cinéma mais refuse de laisser sa trompette au vestiaire, certains exigent de l'électricité sans aucune interruption, mais refusent toute ligne haute tension près de chez eux, toute centrale nucléaire dans les environs, toute extension des barrages (qui perturbent la faune) et toute construction d'éoliennes (qui déparent les paysages). On a vu aussi des militants prêts à tout pour faire interdire la construction d'une antenne de téléphonie près de chez eux, alors même qu'ils possèdent un téléphone mobile ! C'est ce que les psychiatres américains ont appelé le *complexe NIMBY : Not In My Back Yard.*

Le risque de dérive

La maîtrise d'une technologie équivaut à détenir un certain pouvoir. Et si les États démocratiques renoncent à maîtriser ce pouvoir, le risque est alors très grand de le voir confisqué par des dictateurs ou des groupes clandestins, qui de ce fait finiraient par acquérir, à des fins criminelles, l'exclusivité du savoir-faire qui lui est lié. Par exemple, si à un certain moment les gouvernements avaient décidé de renoncer par précaution à l'usage des communications par radio, on imagine aisément que les seules communications de ce type qui existeraient aujourd'hui seraient celles que des cellules mafieuses ou terroristes auraient bricolées pour leurs sinistres usages. D'ailleurs l'actualité montre qu'il ne s'agit pas là d'une hypothèse excessivement alarmiste, puisqu'en mai 2008, le Hezbollah libanais reconnaissait disposer – et refusait de procéder au démantèlement – de son propre réseau de télécommunications : « *Le réseau de télécommunication du Hezbollah fait partie des armes du Hezbollah et ceux qui s'en prennent au réseau de télécommunications s'attaquent à nos armes* » déclara Naim Qassem, haut représentant du mouvement[10].

Ces remarques s'appliquent aussi bien à d'autres technologies fréquemment vilipendées, tels les organismes génétiquement modifiés (OGM) par exemple. Fin mars 2008, la police brésilienne annonçait la découverte de plants de coca manipulés génétiquement pour mieux résister aux atteintes du climat[11]. Les militants qui voudraient interdire toute expérimentation dans ce domaine, au nom du principe de précaution, devraient peut-être se demander s'il convient de laisser aux barons de la drogue la maîtrise exclusive du génie génétique.

Le principe ALARP

Le principe ALARP (*As Low As Reasonably Possible*), ou ALARA (*As Low As Reasonably Achievable*), représente en quelque sorte une variante anglo-saxonne du principe de précaution : *Toute mesure doit être prise pour réduire un risque, même hypothétique, dès l'instant où cette mesure est techniquement réalisable à un coût économiquement supportable.*

Ainsi, ce principe apparaît comme une possibilité d'application pragmatique du principe de précaution, en évitant la référence explicite à la notion – hautement ambiguë – de *certitude scientifique* ; en outre, il assume l'idée de « s'attaquer » à des *risques hypothétiques*, plutôt que de s'en prendre aux *risques graves et irréversibles*, sans préciser comment on déterminerait cette gravité et cette irréversibilité. Le principe ALARP a par exemple été appliqué aux émissions de champs électriques des écrans cathodiques (écrans d'ordinateur utilisés avant l'invention des écrans plats). Par des modifications relativement simples et peu coûteuses, il fut ainsi possible de réduire fortement l'intensité des champs électriques auxquels étaient exposés les utilisateurs.

On pourrait aussi imaginer d'appliquer le principe ALARP à la question des leucémies infantiles, en relation avec la présence de lignes à haute tension, un problème qui résiste durablement à la sagacité des scientifiques. Le choix, par les parents, d'un logement éloigné de plus d'un kilomètre de toute installation de transport ou de distribution d'électricité constitue-t-il une mesure *techniquement réalisable et économiquement supportable ?* Dans un

---

10 Site Internet d'Al Jazeera : http://english.aljazeera.net/NR/exeres/32A34176-7D81-4D7C-BA27-680FD71CD5F4.htm, 9 mai 2008.

11 « Plantations de cocas transgéniques découvertes au Brésil... », dans : *Le Matin*, Lausanne, 17 mars 2008, p. 13.

pays comme la Suède, avec une densité de population de 20 habitants par kilomètre carré, c'est une mesure envisageable, et d'ailleurs envisagée, quoique très inégalement appliquée. Mais un tel *couloir d'exclusion* autour des lignes à haute tension paraît en revanche illusoire dans des pays à forte densité de population comme la France (111 hab/km^2), la Suisse (187 hab/km^2) ou la Belgique (346 hab/km^2), par exemple.

Un effet pervers

En outre, il faut noter que toutes les stratégies qui visent à réduire des risques, sans en référer à leur évaluation préalable, ont en commun un effet pervers qui n'encourage pas les décideurs à en faire usage. On pourrait en effet penser que l'annonce d'une nouvelle mesure de précaution devrait contribuer à rassurer les personnes concernées. Or c'est exactement l'inverse qui se produit. Si une précaution plus sévère que celle qui prévalait jusqu'alors est annoncée, en l'absence d'une connaissance précise du risque, la population en déduit que ce risque est probablement plus grave que ce que l'on croyait. Et si l'autorité compétente en la matière explique qu'il n'en est rien, et que cette mesure sévère est uniquement prise en vertu du principe de précaution ou du principe ALARP, certains trouveront cela peu plausible et en concluront que l'on est sûrement en train de nous cacher quelque chose !

Démonstration : en 2004, il fut décidé en Suisse de distribuer des comprimés d'iodure de potassium à toutes les personnes habitant dans un rayon de 20 kilomètres autour des centrales nucléaires ; auparavant cette distribution ne se faisait que dans un rayon de 5 kilomètres. En effet, en cas d'accident nucléaire accompagné d'une libération d'iode radioactif, la prise de ces comprimés peut servir à limiter les dégâts causés à la glande thyroïde. Interviewé par la Radio Suisse romande, le 1er décembre 2004, le responsable de cette opération expliqua qu'il s'agissait d'une simple mesure de précaution. Réaction de la journaliste : « *Vous nous fichez la trouille avec tout ça ! Est-ce que cela veut dire que le danger est plus grand aujourd'hui ?* »

La « trouille » que l'on ressent, face à un danger, découle de processus neurologiques ancrés depuis des millénaires dans notre cerveau primitif. Comme l'explique le professeur américain de psychologie Drew Westen, dans un ouvrage récent, *The Political Brain*, une espèce animale a beaucoup plus de chances de survivre à un danger si elle est programmée pour en avoir peur sans réfléchir, plutôt que si elle tente de l'analyser rationnellement avant de déguerpir ! Parce qu'une telle réaction est essentiellement naturelle, il est très facile d'effrayer une population avec des risques hypothétiques, ce que certains démagogues ont d'ailleurs fort bien appris à exploiter.

Beaucoup plus difficile, en revanche, est l'art d'informer sur des risques, sans effrayer inutilement. C'est dire que l'information relative à un risque, destinée au grand public, passe par une stratégie de communication tenant compte, en priorité, de nos mécanismes de défense psychologiques ancestraux. Une stratégie dont personne d'ailleurs ne semble posséder la parfaite maîtrise (à en juger par les résultats très aléatoires qu'elle provoque en général). À cet égard, l'*Appel de 20 experts internationaux*, relatif aux dangers du téléphone mobile, mérite bien une petite analyse de texte.

L'appel des 20

Lancé en juin 2008 sur l'initiative du docteur David Servan-Schreiber – célèbre pour ses ouvrages *Guérir* et *Anticancer* –, cet *Appel des 20* réunit les signatures d'une vingtaine de spécialistes actifs dans le domaine médical. Il est principalement constitué de trois parties : un préambule, intitulé Analyse des études récentes, donnant certaines informations générales sur les champs électromagnétiques et leurs effets biologiques. Suit une série de Dix précautions à prendre, suivie d'une Conclusion. Viennent s'y ajouter la liste des signatures et une bibliographie de quelques documents cités dans le préambule.

Première constatation, les signataires indiquent en préambule et en conclusion que leur appel se situe dans le cadre de la *précaution* – contre des risques non prouvés scientifiquement – et non pas dans celui de la *prévention* (comme dans le cas du tabac ou de l'amiante, où les risques sont désormais avérés). Ainsi, du point de vue formel, la démarche est inattaquable : le lecteur est censé commencer par lire soigneusement le préambule, de manière à comprendre que les règles énoncées ensuite sont de simples mesures de précaution, tout au plus souhaitables, en l'absence de preuves définitives de nocivité.

Deuxième constatation, toutes ces *précautions souhaitables* sont en réalité formulées à l'impératif : « *N'autorisez pas...* », « *Restez à distance...* », « *Évitez le plus possible...* », etc. Elles seront donc forcément perçues comme des règles... impératives ! Et cela en particulier par la grande majorité des lecteurs qui auront sauté le préambule. D'ailleurs la relation qui en a été donnée dans les médias le montre de manière emblématique : il n'y fut question que de *telle chose à faire*, ou de *telle autre à ne pas faire* avec son téléphone, sans qu'on n'entende beaucoup parler de « *l'absence de preuves* » mentionnée en préambule. De même dans la presse écrite, la plupart des comptes rendus qui prétendaient reproduire l'*Appel des 20* donnèrent surtout les *dix précautions à prendre* et seulement un vague résumé du préambule (dans le meilleur des cas), sans même parler des références bibliographiques auxquelles le grand public n'est probablement pas censé s'intéresser.

On notera que les précautions en question sont au nombre de dix, tout comme les dix commandements de la Bible, les « *dix préceptes de bonne conduite à moto* », les « *dix règles pour profiter du soleil en toute sécurité* », les « *dix principes de l'agriculture paysanne* », les « *dix conseils de prudence à vélo* », etc. Dans le monde chrétien, il semble que les prescriptions en tout genre acquièrent une enviable autorité dès l'instant où il y en a très précisément dix. En formulant dix précautions à prendre, l'*Appel des 20* revendique donc une filiation discrète avec la morale religieuse.

Troisième constatation, le document en question cite, à l'appui de ses thèses, des références qui à l'examen semblent plutôt les contredire. Par exemple, pour étayer l'affirmation selon laquelle « *les études disponibles mettent en évidence divers effets biologiques [...] même en dessous des seuils de puissance imposés par les normes de sécurité européennes* », le préambule cite notamment un rapport de la Commission de la sécurité des consommateurs. Or, si ce dernier mentionne effectivement que des effets ont été observés, c'est surtout au conditionnel, un temps que les auteurs de l'*Appel des 20* n'utilisent que très parcimonieusement : « *Les enfants pourraient être plus sensibles que les adultes à l'effet cancérigène d'une exposition.* » D'ailleurs, selon ladite Commission, les études vont plutôt dans le sens d'une absence de risque :

> « *Les premiers résultats des études épidémiologiques semblent écarter, à ce jour et en l'état actuel des connaissances, le cancer (sous ses différentes formes) comme conséquence directe de l'exposition aux radiofréquences de la téléphonie mobile.* »

Il y est même question d'un possible effet bénéfique :

> « *Concernant les fonctions cognitives, les études expérimentales réalisées chez l'homme mettent en évidence une amélioration de certaines d'entre elles, comme l'attention. L'exposition aux hyperfréquences émises par les téléphones mobiles faciliterait la concentration intellectuelle et serait responsable d'une diminution du temps de réaction aux sollicitations rencontrées dans les tests de laboratoire, par conséquent d'une augmentation de la rapidité de réaction.* »

On voit mal ce que les signataires ont pu trouver dans ce texte pour motiver leur appel à la population, si ce n'est peut-être l'opportunité d'y ajouter une référence sérieuse, en espérant que les lecteurs ne prendraient pas la peine d'aller la consulter.

Quatrième constatation, la précaution n° 1 prescrit péremptoirement :

> *« N'autorisez pas les enfants de moins de 12 ans à utiliser un téléphone portable sauf en cas d'urgence. »*

Cette injonction a d'ailleurs focalisé l'essentiel des commentaires de la presse, mais comment faut-il l'interpréter ?

Tout d'abord cette précaution n'est pas fondamentalement originale. En Angleterre, le professeur William Stewart, président du *National Radiological Protection Board*, a dirigé en 2000 déjà la publication d'un rapport qui préconisait une mesure semblable :

> *« Dans le cadre de notre approche de précaution, à l'heure actuelle nous croyons qu'un large usage du téléphone mobile par des enfants, pour des appels non essentiels, devrait être découragé. »*[12]

Remarquons que le professeur Stewart formule ses recommandations dans les termes dictés par la prudence qui sied à une conclusion scientifique, et qu'elles ne sont pas forcément au nombre de dix.

Ensuite, le fait que l'on reconnaisse des « *cas d'urgence* » où l'enfant devrait pouvoir utiliser un téléphone, implique qu'il ait malgré tout un tel appareil sur lui en permanence ; et si possible allumé, car on voit mal qu'une urgence puisse s'accommoder du temps nécessaire pour l'enclencher, introduire le code et composer le numéro. L'enfant ne sera donc que partiellement protégé contre le rayonnement. En outre cette situation exigera un effort d'éducation à l'issue incertaine, car l'enfant a ses urgences que l'adulte ne devine pas toujours.

Par ailleurs, la question se pose de savoir d'où vient cette limite de 12 ans fixée par l'*Appel des 20*. Une étude récente aurait-elle conclu qu'à partir de 12 ans les jeunes deviennent subitement plus résistants aux ondes électromagnétiques ? Consultée à ce sujet, l'une des signataires de l'appel m'a donné en substance l'explication suivante.

Le cerveau des enfants est plus vulnérable que celui des adultes, entre autres parce que la barrière osseuse est plus fine et parce que les enfants sont de manière générale plus sensibles aux facteurs potentiellement nocifs, cancérogènes en particulier. Mais l'âge de 12 ans est « *un peu arbitraire* » : il correspond au passage de l'école primaire à celle secondaire, ce qui lui donnerait « *un peu plus de raisons d'utiliser parfois un portable* ». On comprend dès lors que cette limite de 12 ans n'a pas de fondement véritablement biologi-

---

12 « *In line with our precautionary approach, at this time, we believe that the widespread use of mobile phones by children for non-essential calls should be discouraged* », Report of the independent expert group on mobile phones, 11 mai 2000.

que ou médical, comme on aurait pu le croire à tort, par le fait que cet appel était signé par des biologistes et des médecins. En intitulant leur document *Appel de 20 experts internationaux*, et en accompagnant leurs noms de leurs qualifications professionnelles dans le domaine de la santé, les signataires indiquent clairement qu'ils interviennent dans le débat en tant que scientifiques. Mais cette respectable corporation professionnelle dispose-t-elle de l'autorité appropriée pour décider qui a, ou n'a pas, de bonnes raisons pour utiliser un téléphone ? Et est-ce vraiment le rôle de la science que de préconiser que l'on interdise ?

Dans une séquence tournée en vidéo, il y a quelques années, on pouvait voir le docteur George Carlo (dont il a été question plus haut) abordant un jeune homme employé dans un magasin de téléphones, qui passe une bonne partie de sa journée, le mobile collé à l'oreille : « *Savez-vous que le téléphone mobile peut vous donner une tumeur au cerveau ? Vous ne devriez pas téléphoner autant !* », lui dit en substance le chercheur. « *Bon, c'est vrai, vous avez raison* » lui répond le vendeur, « *mais le problème est simple : c'est que moi j'en ai besoin de ce truc-là !* » Sans le savoir, ce jeune vendeur avait manifestement une vision plus claire que son illustre interlocuteur du rôle de la science, qui est de constituer une connaissance objective et de la rendre accessible à tout un chacun, en en précisant les limites et les incertitudes ; et non pas de dire aux gens quels risques ils doivent prendre ou au contraire éviter, ce qui relève a priori de leur souveraineté individuelle.

Il faut parfois rappeler que le scientifique, si compétent soit-il, ne dispose d'aucune légitimité démocratique pour décider de ce qui est bon ou mauvais pour le citoyen, et de ce qui doit lui être interdit. Seules les autorités politiques, en tant que représentantes de la volonté populaire, sont habilitées à fixer des restrictions à la palette des dangers dont la société acceptera, le cas échéant, d'assumer les dommages.

Notons que face aux multiples dangers existants, on appelle *gestion rationnelle des risques*, une procédure qui consiste à classer ces derniers selon leur degré de gravité et de probabilité, et à traiter en priorité les plus graves et les plus probables. Quelle place le téléphone occupe-t-il donc dans la hiérarchie des risques que courent nos chères têtes blondes ? Les dommages liés au téléphone mobile sont-ils plus graves et plus probables que l'obésité, qualifiée d'« épidémie du siècle » par l'OMS ? Plus graves que la violence à la télévision ? Ou que la pornographie sur Internet ? Plus graves que la consommation d'alcool qui explose parmi les adolescents ? Plus probables que l'endettement auquel des offres de consommation perverses et omniprésentes poussent de plus en plus de jeunes ? Il semble que pour interdire tout ce qui fait courir des risques aux enfants du 21e siècle, les parents aient décidément fort à faire.

Globalement, l'*Appel des 20* se présente donc en grande partie comme une répétition de précautions déjà connues, et présente surtout l'originalité de mélanger les conclusions découlant de la recherche avec des appréciations qui n'ont rien de scientifiques, en les exprimant sous forme de commandements impératifs. Gageons que dans ces conditions, l'*Appel des 20* viendra simplement s'ajouter à la longue liste des « conseils de prudence à suivre » qui prolifèrent dans les médias, sur tous les sujets possibles. Les effets d'une telle stratégie de communication resteront vraisemblablement proches de zéro, car cet appel présente fondamentalement deux défauts communs aux démarches de ce type.

Premièrement, il prétend infléchir les comportements au moyen de règles, sans donner au public les moyens d'en analyser exactement les raisons. Or toute personne qui s'occupe de sécurité sait qu'il est impossible de faire respecter des prescriptions tant que leur raison d'être n'a pas été parfaitement comprise par ceux à qui elles s'adressent. C'est en effet une réjouissante constante de la psychologie humaine que de refuser d'obéir sans comprendre.

Secondement, le risque en question n'est pas situé par rapport aux autres risques encourus dans la vie quotidienne. Or chaque précaution à prendre représente une contrainte, et tant que les experts de chaque domaine donnent des conseils de prudence sans s'occuper des autres, le citoyen se trouve en face d'une multitude de contraintes non hiérarchisées, parmi lesquelles il en est réduit à choisir, au gré de ses intuitions et de ses possibilités, celles qu'il va respecter et celles qu'il refusera ; quand elles ne sont pas carrément contradictoires ! Pour ne donner qu'un exemple caricatural de cette dernière situation, on entend des diététiciens conseiller de manger davantage de poisson, alors que des experts de l'environnement marin demandent de manger moins de poisson (pour sauver des espèces en voie de disparition.)

Quant aux véritables raisons qui, en l'absence de connaissances nouvelles inquiétantes, poussèrent les signataires à lancer cet appel, précisément à ce moment-là, elles restent difficiles à cerner. Selon l'une des personnes concernées, cet appel fut motivé par des questions fréquemment posées sur le site www.guerir.fr (animé par le docteur Servan-Schreiber), concernant les dangers possibles du téléphone mobile. La médiatisation donnée à cet appel va cependant bien au-delà de la simple réponse à des internautes. Interrogés à ce sujet, certains signataires ont semblé vouloir minimiser l'importance de leur engagement.

Le principe de vigilance

Certains dénoncent le fait qu'en laissant se développer des réseaux de téléphonie mobile – y compris de troisième génération – ou qu'en implantant des émetteurs Wi-Fi un peu partout, sans attendre de disposer d'une évaluation des risques, on est en train de réaliser une « expérience grandeur nature » sur l'ensemble de la population ; laquelle population n'a jamais donné son accord pour cela et n'est même pas consciente de servir de cobaye. Mais la réalité est peut-être encore pire, dans la mesure où cette expérience se déroule sans respecter aucun des critères de la méthode scientifique et sans que personne ne s'inquiète d'en analyser les résultats.

Lorsque vous vous présentez chez un médecin, il vous demande si vous consommez de l'alcool ou si vous pratiquez un sport. Lorsque vous toussez, il vous demande si vous fumez. Mais si vous vous plaignez de maux de tête, il ne vous demande pas si vous utilisez un téléphone mobile ou si vous cuisinez à l'induction. Et si vous souffrez d'insomnie, il ne vous demande pas si une ligne à haute tension passe près de chez vous ou si vous avez installé un routeur Wi-Fi sur votre table de nuit. Force est de constater que les rayonnements non ionisants ne sont pas encore perçus comme un facteur de risque potentiel, dans le cadre de la médecine actuelle. Dans ces conditions, l'« expérience grandeur nature » ne sert à rien, puisque personne n'en récolte les résultats.

Au niveau médical, la vigilance impliquerait que les rayonnements non ionisants soient considérés comme des facteurs de risques potentiels, au moins dans les cas où un trouble ne semble pas présenter d'autres causes évidentes (plutôt que de le reléguer, un peu facilement, dans la catégorie des troubles psychosomatiques). Au plan légal, des procédures plus ou moins contraignantes pourraient être instaurées, comme l'obligation de déclarer des cas, par exemple. Mais il faut noter que même le moins contraignant des systèmes serait toujours préférable au vide total qui règne aujourd'hui.

D'autres ingrédients peuvent aussi contribuer à une certaine culture de la vigilance. Au voisinage immédiat de sources de rayonnements, quelles qu'elles soient, un recoupement et un suivi des plaintes formulées par les habitants du lieu permettraient de soupçonner précocement une éventuelle atteinte à la santé, non décelée par des études scientifiques antérieures. De même, lors de la mise sur le marché de produits faisant usage de rayonnements non ionisants, dans des gammes de fréquences nouvelles, ou modulés d'une manière originale : les premiers utilisateurs de cette technologie devraient pouvoir s'adresser à un organisme chargé de centraliser les corrélations qui pourraient apparaître avec certains troubles de la santé.

Une bonne vigilance passe encore par la mise en place d'un dispositif d'alerte rapide, permettant de prendre des mesures de prévention immédiates, au cas où le risque se confirme, et cela sans en passer par des débats parlementaires ou des référendums.

De telles procédures éviteraient de réitérer une catastrophe du genre de celle qu'avait produite la thalidomide en son temps. Le cas de ce médicament, qui à l'usage se révéla tératogène, reste un exemple de vigilance zéro en ce qu'il s'écoula près de quatre ans entre la naissance d'un premier enfant malformé (en 1956) et le moment où la thalidomide fut formellement reconnue comme la cause de ce problème. Entre-temps, 12 000 enfants étaient nés sans bras ou gravement malformés, et 4000 étaient morts avant l'âge d'une année.

Insistons sur la différence essentielle qui distingue le principe de vigilance du principe de précaution. Ce dernier préconise de prendre des mesures a priori, sur la base de risques dont on ne sait pas quelles sont réellement leur probabilité et leur gravité. Or, en l'absence d'une évaluation objective du risque, la seule précaution dont on peut garantir l'efficacité reste souvent une interdiction pure et simple ; mais dans ce cas, les pertes qui s'ensuivent pour les acteurs du système incriminé (y compris les utilisateurs) sont impossibles à justifier et donnent forcément lieu à de légitimes contestations.

À l'inverse, le principe de vigilance ne préconise aucune mesure restrictive a priori et ne conduit donc pas à des restrictions contestables. Ce principe exige seulement que le danger, s'il s'avère qu'il y en a un, soit détecté immédiatement et que les mesures adéquates soient prises rapidement. Le cas échéant, une interdiction de commercialiser un certain équipement se fondera sur l'existence d'un risque avéré, de sorte que les inconvénients pratiques ou les pertes économiques qui en découleront apparaîtront pleinement défendables.

Perspectives

Certains scientifiques proposent que l'on renonce à toute recherche relative aux effets des rayonnements non ionisants sur la santé. Cette opinion radicale se fonde sur trois constatations.

Premièrement, si les rayonnements provoquaient de graves troubles de la santé, on le verrait facilement ; le simple fait que l'existence de conséquences dommageables s'avère si difficile à mettre en évidence prouve que le risque est insignifiant. Deuxièmement, pour ce qui est de rassurer les personnes qui craignent les effets des champs, les recherches ne permettront jamais d'y parvenir, car la peur est insensible à la rationalité scientifique. Troisièmement, la mise en œuvre dans la société d'une nouvelle technologie suscite toujours des craintes : des égouts (soupçonnés, dans leurs débuts, de véhiculer des maladies) à la télévision couleur (précocement accusée de donner le cancer), en passant par les tunnels de chemin de fer (où les passagers allaient probablement étouffer), toutes les nouvelles inventions suscitèrent des angoisses que le temps toutefois élimine bien plus efficacement que les conclusions des scientifiques. D'ailleurs, avec un peu de chance, les risques liés aux nanotechnologies donneront bientôt suffisamment de grain à moudre aux alarmistes de tout genre pour leur faire oublier les rayonnements non ionisants.

Pour notre part, nous ne partageons pas ce point de vue, spécialement en ce qui concerne le premier des trois arguments. Des maladies comme certains cancers n'apparaissent que 15 à 20 ans après l'exposition aux facteurs de risque. Or les technologies qui font usage des plus hautes fréquences ne se sont généralisées à grande échelle que récemment. Il apparaît donc prématuré de conclure à une absence de risque, pour ce type de rayonnement.

Par ailleurs, les craintes de la population méritent que l'on y réponde le mieux possible. Certes, quelques irréductibles resteront toujours insensibles à la connaissance objective. Mais ce n'est pas le cas de la majorité des gens, qui se pose des questions légitimes et accorde une certaine « confiance critique » aux conclusions des scientifiques.

Dès lors, les tâches qui attendent ces derniers, ainsi que les autorités sanitaires, dans les prochaines années recouvrent différents aspects du problème :

- Identifier les lacunes dans la connaissance des effets des champs électromagnétiques les plus utilisés. Le risque doit être quantifié. Ce point est absolument essentiel car, face à un risque, seule la connaissance de son degré de gravité permet de prendre une décision adéquate. Si 10 minutes de conversation au téléphone mobile détruisent 3 neurones, c'est probablement insignifiant ; mais si c'est un million de neurones, la situation devient plus grave. D'une manière générale, la dénonciation d'un risque non quantifié relève de la mauvaise foi et fait partie des méthodes classiques de la désinformation.

- Encourager les recherches et définir des priorités, si les moyens ne permettent pas de traiter tous les problèmes qui se posent. Développer des standards de qualité et des procédures qui permettent de confronter fructueusement les résultats obtenus par divers groupes de recherches. Mettre ainsi à la disposition des décideurs, un ensemble de données qui, faute d'être exhaustif, soit au moins cohérent.

- Face à la difficulté où se trouve la science d'évaluer suffisamment rapidement les impacts éventuels des technologies nouvelles sur la santé, il importe de mettre en place, à chaque fois, un dispositif de vigilance qui permette, le cas échéant, de déceler rapidement tout danger imprévu.

- Informer le public en des termes qui permettent un choix éclairé du consommateur, aussi bien en ce qui concerne les produits que les comportements à adopter.

Le caractère polémique du thème des effets potentiellement pathologiques des rayonnements non ionisants implique que les tâches susmentionnées donnent lieu à des financements publics. Plusieurs raisons convergent vers une telle solution.

Tout d'abord, lorsque des recherches, relatives au danger que pourrait présenter une technologie, sont financées par les industriels concernés, les résultats souffrent, à tort ou à raison, d'un déficit de crédibilité qui leur enlève une bonne part de leur utilité. Ensuite, dans l'économie mondialisée d'aujourd'hui, tout concourt à valoriser l'innovation et la réalisation d'un profit maximal. Dans ces conditions, il apparaît simplement incohérent d'exiger d'un fabricant qu'il saborde ses produits en démontrant qu'ils présentent un danger. D'une manière générale, l'obligation du fabricant de garantir la sécurité de ses produits ne va pas au-delà des connaissances admises. Dans tous les domaines, le fabricant est censé connaître l'« état de l'art » en matière de sécurité ; il n'est pas censé entreprendre des recherches scientifiques de grande envergure pour faire progresser la connaissance du danger.

Dès l'instant où un tel danger apparaît plausible, au point d'engendrer éventuellement un problème de santé publique, il incombe aux États de prendre les mesures nécessaires afin de gérer le risque qui en découle et de protéger leurs populations.